設計者のための

実践的「材料加工学」

材料と加工を知らなきゃ設計はできない

西野創一郎 著

日刊工業新聞社

はじめに

　私事で恐縮ですが、金属疲労で学位を取った筆者は、当初、材料の破壊について研究を進めていました。その後、様々な企業の方々との共同研究によって興味の対象が材料の変形に移り、加工や接合の研究開発を10年以上続けています。その間の100件以上の共同研究を通じて、加工・接合技術の面白さや難しさを経験してきました。

　その経験から、学生には「世界一硬い材料を創っても、加工・接合して製品の形状に仕上げることができなければ意味がないよ」と教えてきました。なぜなら、ものづくりでは、材料開発から加工、接合、そして成形された構造物の信頼性評価までを総合的に考えなければならないと痛感していたからです。

　加工や熱処理、接合など製造に関連する技術は、工業製品の創成にとって重要な役割を占めています。しかし、製品開発の実務を担う設計者たちが、自分たちの設計した製品がどのようにして加工され、組み立てられていくか知らないという話を聞いて驚いた経験があります。一方で、車の設計に関わるエンジニアの方には、最新の材料や加工・接合技術を理解すれば、合理的な設計が展開できるとの意見をいただいたこともあります。材料と加工を知らなければ設計できないと言っても過言ではありません。

　筆者は、ものづくりに関わる設計者の皆様に、「材料」と「加工」について最低限の知識を習得していただくことを目的としてこの本を書きました。設計図に描かれたものを実際の製品に仕上げるには、どのような材料を選定して、どのような加工法で成形するか、そして部品をどのようにつないでいくかを設計者が知っておく必要があります。

　一方で、材料、加工そして接合に関する書籍は世の中にたくさんあります。理論について深く記述したものや実例に重点を置いたものなど、様々な視点で書かれた良書が多く存在します。筆者はこれまで2冊の本を執筆しましたが、その目的は「全体像を理解すること」でした。学びたい理論に関して、まず全体像をつかんで、その後に自分の業務に関係する所を深く勉強していけばよいと考えています。本書でも目的は同じです。材料、加工、接合そして熱処理に至るまでの広大な領域において、骨格となる主要なポイントに絞って解説し、加工・接合技術の全体像を把握していただくための道標を示しました。この本を基礎として、様々な専門書でさらに知識を広げていってください。

　本書の特徴は下記の通りです。

①代表的な機械材料として金属（鉄鋼、非鉄金属）、セラミックス、高分子材料に絞って詳細に解説した。

②材料のマクロ特性は、ミクロ特性から統一的に説明することができることを示した。

③多種多様な加工技術を3種類に分類した。また、上流工程である原料から素形材へ至るまでの製造方法まで記述した。

④材料の製造、加工技術から熱処理、接合技術まで、それぞれの技術を関連付けながら平易に解説した。

　この本には、ものづくり全般を広く見据えて（一歩引いて全体を見て）、自分たちの製品や技術の位置付けや役割を把握してほしい、そして幅広い素養を持ったエンジニアとして育ってほしいという願いを込めています。ものづくりに関わるエンジニアの皆様にとってこの本が少しでもお役に立てれば望外の喜びです。また、研究テーマの創出に困っている若手研究者には、大学を飛び出して製造現場に行くことをお勧めします。現場は研究テーマの宝庫です。現場を自然体で見つめることによって、魅力的なテーマが必ず見つかります。加工・接合に関わる研究者が増えることを切に願っています。

　本書の企画から発行まで日刊工業新聞社出版局の木村文香氏、天野慶悟氏に大変お世話になりました。著者の材料加工学に対する思いを書籍として実現することができたのも木村氏、天野氏のおかげです。本書には私だけではなく編集者の方々の「わかりやすくてためになる本を作ろう」という思いが込められています。お二人に厚く御礼申し上げます。最後に、執筆を温かく見守ってくれた家族に感謝します。

2019年12月

西野　創一郎

目 次

第1章 機械材料を分類してみよう ● ● ● ● ● ● ●

機械材料のマクロ特性は
ミクロ構造で決まる！

第3章

材料の加工方法はたったの3種類だ!
—それぞれの長所と短所—

第4章　鉄鋼の熱処理と表面処理

第5章 接合技術
―せっかく加工できても部品をつながないと製品にならない―

機械材料を
分類してみよう

材料加工学って何だろう
（本書の流れ）

ポイント1 ☞ ものづくりの流れ

　機械工学には、力学のファミリーとして四つの力学（材料力学、流体力学、機械力学、熱力学）があります。これらの学問を学ぶことは、ものづくりに関わるエンジニアにとって必須条件です。例えば車を設計するときには、様々な部品に働く力や変形は材料力学で、走行中の車体周りの流れと抵抗は流体力学で、走行中の運動や振動は機械力学で、エンジン内部の熱の発生や伝わり方は熱力学で、それぞれ評価します。

　ここで、ものづくりの流れを大きく捉えてみます。まず、市場を調査してどのような製品をユーザーが必要としているかを調査する「企画」段階があり、その次に仕様を決定して製品の「設計」を行います。しかし、これだけでは製品は完成しません。材料を加工して「生産」する工程が重要です。当然ですが、設計したものを実際に成形できなければ製品にはなりません。その後、「検査」の工程を経て、「市場」に出て初めてユーザーへ売り出されます。

ポイント2 ☞ 材料加工学とは？

　「材料加工学」は、いろいろな材料を製品の形状に成形するために必要な知識とノウハウを整理した学問です。その名の通り、材料と加工の両方の知識が必要です。エンジニアは自分が設計した図面によって、どのような材料がどのように加工されて製品になるか考えなければならないのです。言い換えれば、図面どおりに加工できなければ製品になりません。また、コストや生産時間も重要なパラメータになります。設計者は材料と加工まで責任を負うべきだと筆者は考えています。

ポイント3 ☞ 必要な知識は？

　世の中には膨大な種類の材料と加工方法が存在します。そのすべてを説明することは容易ではありません。本書の目的は、設計者のための実践的材料加工学について最低限の知識に絞って全体像を説明することです。そのため、機械材料は「金属（鉄鋼と非鉄金属）」、「セラミックス」、「高分子材料」の3種類に絞りました。各章の内容は以下の通りです。

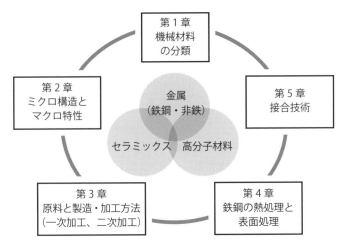

● ものづくりの流れ ●

● 材料加工学の全体像 ●

- ・第1章：機械材料の分類や名称について解説します。材料の名前や用途、そして各材料の違いについて理解しましょう。
- ・第2章：材料の加工は変形と破壊を組み合わせて形を作っていくことですから、これらのマクロ特性（変形と破壊）は材料の原子・分子レベルでのミクロ構造と密接に関係しています。この章では材料のミクロ構造とマクロ特性の関係を解説します。
- ・第3章：どのような材料も、原料から素材を製造して、素材を様々な加工方法で製品の形状に仕上げていきます。原料から素材を作る一次加工と素材から製品を作る二次加工について説明します。材料の加工方法を大きく分類するとたったの3種類です。金属、セラミックス、高分子材料の加工方法と長所、短所について解説します。
- ・第4章：鉄鋼製の機械部品や工具では熱処理と表面処理が非常に重要です。どの部品でも必ずこれらの処理が施されています。熱処理の原理と実際の製造現場での熱処理、表面処理について解説します。
- ・第5章：例えば車1台を一つの材料と加工方法で製造することは不可能です。様々な材料からなる多数の部品を加工して、それらをつなぎ合わせる技術が必要です。この章では、材料の接合技術について解説します。

1-2 機械材料は金属とセラミックスと高分子材料に分かれる

ポイント1☞ 機械材料の分類は？

　機械材料を大きく分類すると「金属」と金属ではない「非金属」になります。金属は「鉄鋼」と「非鉄金属」に分かれ、非金属は「セラミックス」と「高分子材料」にそれぞれ分かれます。工業製品の大半は金属とセラミックスと高分子材料からできています。また、各材料を組み合わせた「複合材料」も存在します。

ポイント2☞ 金属の分類は？

　自動車の構成材料の70%は鉄鋼、10%は非鉄金属、10%は高分子材料、10%はセラミックスやガラス、繊維や皮革などの材料です。この比率をみても世の中の工業製品の構成材料として最も使用されているのは金属です。そして金属の中でも鉄鋼の占める割合は非常に大きいことがわかります。

　鉄鋼についてその原料、製造方法からミクロ構造とマクロ特性の関係、加工方法や接合方法を知ることは、ものづくりにおいて非常に重要です。ただし、鉄鋼は非常に特殊な材料であることを覚えておいてください。筆者は様々な材料の特性を調査して加工・接合方法について研究していますが、その中でも鉄鋼は加熱、保持、冷却の熱処理によって結晶レベルでの組織がコロコロと変わっていきます。これが鉄鋼の面白い点であり、取り扱いが難しい点でもあります。逆に考えると、鉄鋼は同じ成分でも熱処理によって要求に応じた性質を得ることができる非常に便利な材料であると言えます。

　非鉄金属としてはアルミニウム、銅、チタン、マグネシウム、亜鉛などが挙げられます。特に、機械材料としてよく用いられているのはアルミニウムと銅です。アルミニウムは鉄鋼に比べて比重が小さく、軽くて強い材料（「軽金属」と呼ばれます）として鉄鋼に次いでよく用いられています。銅はよく伸びて加工性が良好であり、電気伝導性や熱伝導性が高いため導電材料として用いられています。

ポイント3☞ 非金属の分類は？

　セラミックスは「無機材料」と呼ばれ、おもに酸化物、炭化物、窒化物など

〔機械材料〕

┌─────────────────────┐ ┌─────────────────────┐
│ ①金属   │ │ ②非金属   │
│   │ │   │
│ ○鉄鋼   │ │ ○セラミックス、ガラス │
│   │ │   │
│ ○非鉄金属   │ │ ○高分子材料（ポリマー）│
│ ・アルミニウム   │ │ ・プラスチック   │
│ ・銅   │ │ （熱可塑性・熱硬化性）│
│ ・チタン   │ │ ・ゴム   │
│ ・マグネシウム   │ │   │
│ ・亜鉛   │ │   │
└─────────────────────┘ └─────────────────────┘

それぞれの材料で何が違うのか？

原子、分子の種類、結合、並び方（ミクロ構造）

● 機械材料の分類 ●

の化合物で構成されています。非常に硬くて摩耗しにくいため、切削工具として用いられています。また、プレス金型の表面に薄く（数μm）コーティングすることで金型の耐久性を向上させます。実はガラスも無機材料の一種ですが、セラミックスとはミクロ構造が異なります。

　高分子材料（ポリマー）としてはプラスチックやゴムが挙げられます。私たちの身の周り、特に生活用品には高分子材料が広く活用されています。例えば、ペットボトルや化粧品のケース、食品を保存するタッパーなどは高分子材料でできています。高分子材料は日常生活で欠かすことができない材料です。

　金属とセラミックス、高分子材料はそれぞれマクロ特性が異なります。その原因はミクロ構造に起因します。ミクロ構造とは原子・分子の種類や結合、並び方です。材料の特性を理解するためには、原子・分子レベルまでさかのぼって考える必要があります。

1-3 金属の中で一番使われているのは鉄鋼だ

1種類の元素から成る金属を「純金属」と呼びます。鉄鋼は鉄Feだけで構成されている純金属でしょうか。答えは否です。純鉄は強さや硬さが不十分であるために、母体である鉄に他の元素を加えることで十分な強度を確保しています。主な添加元素は炭素Cです。純鉄に炭素を加えることで強くて硬い鉄鋼になります。このように母体金属に様々な元素を添加した金属を「合金」、母体金属と添加元素をまとめて「化学成分」と呼びます。

鉄鋼は「構造用鋼」、「工具鋼」、「特殊用途鋼」に分類されます。構造用鋼は加工される側の材料、工具鋼は炭素量が多くて硬いため加工する側の材料であると覚えてください。特殊用途鋼の代表例はさびない「ステンレス鋼」です。

構造用鋼は「一般構造用鋼」と「機械構造用鋼」に分かれます。一般構造用鋼の代表例がSS材です。最初のSはSteel、次のSはStructureを表しており、例えばSS400という名前の材料は引張強度400MPa以上の強度を有しています。ただし、化学成分については有害元素であるリン（元素記号P）と硫黄（元素記号S）を一定量以下にするという規則だけであり、どのような組成であっても引張強ささえ確保していればよいという材料です。

機械構造用鋼は化学成分がきちんと規定されている信頼性のより高い材料です。添加元素が炭素主体である「炭素鋼」と、様々な元素（例えばクロムCrやモリブデンMoなど）を添加した「合金鋼」があります。炭素鋼は例えばS10Cと表記されます。SはSteel、10Cは炭素量0.1％を示しています。合金鋼は例えばSCM435と表記されます。SはSteel、Cはクロム、Mはモリブデンを示しています。添加量はクロム1％、モリブデン0.2％であり、添加元素の量は5％以下です。SCM435はS35C（0.35％炭素鋼）にクロム1％、モリブデン0.2％を添加した合金鋼です。これらの添加元素によって、ねばさ（靭性）と熱処理における焼入れ性の両方が向上します。

1 機械材料を分類してみよう

合金 ＝ 純金属 ＋ 添加元素

> 鉄鋼材料 ＝ 純鉄（Fe）＋ 主に C（炭素）

● **合金とは** ●

① 構造用鋼 ⇒ 加工される側
○一般構造用鋼：SS 材（引張強さのみ規定、化学成分の規定なし）
○機械構造用鋼（一般構造用鋼よりも信頼度が高い）
・炭素鋼：SC 材
・合金鋼：SCM 材

② 工具鋼（炭素量多い、硬い）　⇒　加工する側
○炭素工具鋼：SK 材
○合金工具鋼：SKS 材、SKD 材
○高速度工具鋼（ハイス：High Speed Steel）：W、Mo 添加 SKH 材

③ 特殊用途鋼
○ステンレス鋼（Cr 18% + Ni8%）さびない

● **鉄鋼の分類** ●

2 機械材料のマクロ特性はミクロ構造で決まる！

3 材料の加工方法はたったの 3 種類だ！

4 鉄鋼の熱処理と表面処理

5 接合技術

　工具鋼は鉄鋼を削ったり変形させたりして加工する側の材料ですから、炭素を多く添加します。また用途に応じて、クロム、ニッケル、タングステン、バナジウムなど様々な元素を添加するために添加元素の量は5%以上になります。工具鋼も機械構造用鋼と同様に「炭素工具鋼」と「合金工具鋼」に分かれます。炭素工具鋼はSK材（S：Steel、K：工具）、合金工具鋼はSKD材（S：Steel、K：工具、D：ダイス）、SKS材（S：Steel、K：工具、S：Special）です。その他に、「高速度工具鋼」があります。高速度工具鋼は「ハイス（High Speed Steel）」と呼ばれています。材料を削って機械部品に加工するときに、速いスピードで加工すれば生産効率が上がります。早く削っても工具寿命が短くならないように、耐熱材料であるタングステンやモリブデンを添加します。

　特殊用途鋼のステンレス鋼にはクロムとニッケルが添加されています。その量は非常に多く、SUS304という材料でクロム18%、ニッケル8%添加されています。ちなみにSUSはSpecial Use Steelを示しています。クロムとニッケルを一定量以上添加すると表面に「不動態皮膜」という保護酸化皮膜が生成され、基材が酸素に触れないために表面がさびません。

1-4 非鉄金属の代表は アルミニウム合金と銅だ

ポイント1 ☞ アルミニウム合金の分類は？

　アルミニウムも鉄鋼と同様に元素が添加されて合金として使用されます。アルミニウム合金の比重は鉄鋼の約3分の1であり、軽いうえに熱伝導率も大きいため、エンジン部品や熱交換器などに広く用いられています。アルミニウム合金は「加工用合金（展伸材）」と「鋳造用合金」に大別され、それぞれが「熱処理型」と「非熱処理型」に分けられます。

ポイント2 ☞ アルミニウム合金の名前の意味は？

　加工用合金（展伸材）の名前は4ケタの合金番号で表示され、最初の数字（何千番台）によって添加元素が決められています。例えば2000系アルミニウム合金には銅が添加されています。また、合金番号の後にアルファベットの文字が表記されており、Fは製造のまま、Oは焼きなまし、Hは加工硬化、Tは熱処理をそれぞれ示しています。同じ材料でもO材は軟らかく、H材/T材は硬く、それぞれの強さが大きく異なりますので注意してください。

　アルミニウムは鉄鋼に比べて融点が低いために、溶かして型の中で固める「鋳造」という加工方法で製品をつくることができます。鋳造用合金にはケイ素Siが多く添加されています。ケイ素は融点を下げ、溶けたアルミニウム合金の湯流れをよくするために添加されています。加工用合金との大きな違いはケイ素の添加によって鋳造性を高めている点です。

ポイント3 ☞ 純銅の分類は？

　銅は古くから使用されている金属であり、紀元前の遺跡からも発見されています。また、数少ない有色金属であり、他の金属（例えば亜鉛やスズなど）と合金化して様々な色になります。特に純銅は電気伝導性と熱伝導性が高いために、電気を運ぶ電線などに使用されています。

　純銅は不純物の除去方法によって「タフピッチ銅」、「脱酸銅」、「無酸素銅」に大別されます。まず、原料である粗銅から電気分解によって「電気銅」が得られます。タフピッチ銅は電気銅から天然ガスによって酸化銅を還元させたものであり、酸素が0.02〜0.05％残留しています。脱酸銅は酸化物の還元にリン

1 分類してみよう 機械材料を

2 機械材料のマクロ特性は ミクロ構造で決まる！

3 材料の加工方法は たったの 3 種類だ！

4 鉄鋼の熱処理と 表面処理

5 接合技術

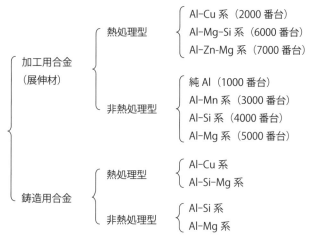

● アルミニウム合金の分類 ●

第 1 位：Al および Al 合金の A
第 2 位：純 Al は 1、Al 合金は主要添加元素によって分類
第 3 位：0 は基本合金、その他の数字は改良形
第 4 位、第 5 位：純 Al は純度小数点以下 2 ケタ、Al 合金では識別番号
アルファベット：F（製造のまま）、O（焼きなまし）、H（加工硬化）、T（熱処理）

● アルミニウム合金の名前の意味 ●

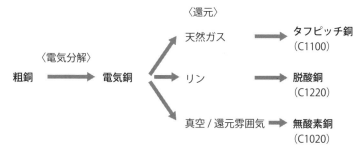

● 純銅の分類 ●

を用いて、残留酸素を減らします。無酸素銅は真空／還元雰囲気の利用によっ
て酸素、つまり不純物をほとんど含まない電気抵抗の高い純銅です。タフピッ
チ銅は C1100、脱酸銅は C1220、無酸素銅は C1020 と表記されます（C：
Copper）。

1-5 セラミックスは硬くて強いが脆い

ポイント1 ☞ セラミックスの種類は？

セラミックスの歴史は古く、古代の遺跡から発見される陶磁器、ガラスから建築物を構成するれんが、コンクリート、耐火物まで様々な種類が存在します。これらの材料は濡れた軟らかい粘土を成形して、その後に高温で焼き固めて作られます。近年では、高純度に精製された天然鉱物や化学プロセスによって作られた人工材料を用いて、様々な機能性を持ったセラミックスが使用されるようになりました。このセラミックスは「ファインセラミックス」、または「ニューセラミックス」と呼ばれます。

ポイント2 ☞ セラミックスの用途は？

セラミックスは無機材料であり、おもに酸化物、炭化物、窒化物などの化合物で構成されています。代表的なセラミックスとしてアルミナ（Al_2O_3）、ジルコニア（ZrO_2）、炭化ケイ素（SiC）、窒化ケイ素（Si_3N_4）、窒化アルミニウム（AlN）や、ケイ素をベースにアルミニウム、酸素、窒素を合成したサイアロン（SiAlON）などがあります。これらの材料は、それぞれの特性に応じて、切削工具やプレス加工の金型、軸受、摺動部品、半導体・液晶製造装置部品、エンジン・タービン部品、医療用部品など様々な工業製品に用いられています。

ポイント3 ☞ セラミックスの特性は？（金属との違いは？）

セラミックスは非常に硬く、耐熱性に優れており、燃えない、腐食しないなど金属や高分子材料にはない性質を有しています。一方で、脆いため衝撃荷重に対して弱い、また、力を加えてもほとんど変形しないために加工がしにくいという欠点があります。そのため、セラミックスの多くは粉末を原料として、様々な方法で圧縮しながら加熱して焼き固めて最終形状に成形されます。このプロセスを「焼結」と呼びます。

セラミックスと金属の特性を比較すると、弾性率や強度はセラミックスのほうが高く、き裂（欠陥）に対する感受性を表す破壊靱性はセラミックスが低く、熱伝導率や熱膨張率はセラミックスのほうが低くなっています。セラミッ

名称	組成	特徴と用途
アルミナ	Al_2O_3	・産業界で広く使われている 摺動部品、軸受、半導体・液晶製造装置用部品、バルブ、耐熱部品、半導体基盤、医療用部品など
ジルコニア	ZrO_2	・靱性が高い ねじ、ポンプ部品、ノズル、スペーサー、センサー機器部品、歯科・医療用機器部品など
炭化ケイ素	SiC	・耐熱性、耐熱衝撃性、耐摩耗性が高い 摺動部品、半導体製造装置用部品、耐薬品性・摺動部品、熱交換器などの耐熱部品、ノズル、研磨剤など
窒化ケイ素	Si_3N_4	・高温下で強度が低下しない、耐熱性が高い ターボチャージャーなど自動車エンジン部品、ベアリング、タービンブレード、切削工具など
窒化アルミニウム	AlN	・熱伝導性、熱衝撃性、電気絶縁性が高い ヒートシンク、電子部品の放熱基盤、半導、LED・レーザー素子など
サイアロン	SiAlON	・窒化ケイ素よりも耐熱性が高い アルミニウム溶湯部品、ダイカスト部品、溶接治具、化学・石油プラントの部品など

● **代表的なセラミックスと用途** ●

特性	セラミックス	金属
弾性率（GPa）	100 − 1000	10 − 300
強度（MPa）	1000 − 10000	20 − 2000
破壊靱性（MPa$\sqrt{m}$）	2 − 10	5 − 200
熱伝導率（W/m・K）	1 − 100	10 − 500
熱膨張率（10^{-6}/K）	1 − 10	10 − 50

● **セラミックスと金属の特性比較** ●

クスは金属に比べて強度が高く、変形しにくいのですが、割れやすいことがわかります。また、セラミックスは熱を伝えにくく、熱膨張が小さいため、耐熱材料に適していることもわかります。

1-6 高分子材料は軟らかくてよく伸びる（熱可塑と熱硬化）

ポイント1 ☞ ポリマーとモノマーとは？

　高分子材料（ポリマー）は「プラスチック」、「ゴム」、「天然ポリマー」の3種類に分かれます。すべての高分子材料は繰り返し単位である「モノマー（単量体）」が共有結合によってつながって構成されています。例えばポリエチレンというプラスチックのモノマーはエチレン、天然ゴムのモノマーはイソプレン、天然ポリマーであるセルロースのモノマーはグルコース、タンパク質のモノマーはアミノ酸です。モノマーをつなげてポリマーにする過程を「重合」と呼びます。ポリマーはモノマーをつなげた紐のような形状であり、このような紐がたくさん絡み合った状態が高分子材料のイメージです。

ポイント2 ☞ 高分子材料の分類は？（熱可塑と熱硬化）

　プラスチックは「樹脂」と呼ばれ、私たちの身の周りに非常に多く使用されています。樹脂の語源は樹木から分泌されてしみ出した樹液が固まったものを指します。プラスチックは化学反応によって合成された人工物ですので「合成樹脂」ですが、現在では省略して樹脂と呼ばれています。

　プラスチックは、加熱すると軟らかくなる「熱可塑性樹脂」と硬くなる「熱硬化性樹脂」に分かれます。熱可塑性樹脂は、高温で軟らかくして成形して、その後冷却することで製品形状に加工されます。再度加熱したら再び軟化するため、加熱・溶融を繰り返すことによって再利用（リサイクル）が可能です。

　熱硬化性樹脂は、素材の段階では流動性を示し、硬化剤を添加して加熱すると化学反応によって硬化します。冷却した後は加熱前と異なる構造になるため再加熱しても軟化しません。したがって、再利用は困難です。このような性質は樹脂のミクロ構造（分子構造）に起因します。

　熱可塑性樹脂は紐状のポリマーが絡み合っています。毛糸をぐるぐる巻いて固体状の玉を作っているイメージです。温度を上げれば紐は自由に動けるようになり流動性が現れます。一方、熱硬化性樹脂は紐状のポリマー同士を化学反応によって3次元的につなげたものです。これを「架橋」と呼びます。熱を加えてもつないでいる架橋部分が切れることはないので、熱可塑性樹脂のように軟らかくなりません。

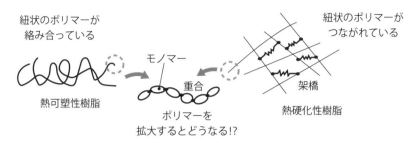

紐状のポリマーが
絡み合っている

モノマー

重合

ポリマーを
拡大するとどうなる!?

熱可塑性樹脂

紐状のポリマーが
つながれている

架橋

熱硬化性樹脂

● プラスチックのミクロ構造 ●

名称（記号）	性質	用途
ポリエチレン （PE）	水より軽く吸水性がない。耐薬品性、電気絶縁性に優れるが耐熱性に乏しい。	管、ラミネートフィルム（例えば牛乳パック）、びん、コップ、ポリ袋、電線の被覆材など
ポリ塩化ビニル （PVC）	燃えにくく、水、電気を通さない。耐薬品性があり、耐候性、電気絶縁性に優れる。	建築資材、電線の被覆材、ホース、人工皮革、農業用フィルム、自動車のシートなど
ポリスチレン （PS）	スチロール樹脂とも呼ばれる。無色透明で電気絶縁性に優れる。発泡スチロールの原材料。	包装容器、電化製品のケース、プラモデル、食品トレイ、発泡シートなど
ポリプロピレン （PP）	プラスチックの中で比重が軽い。曲げに強く耐熱性に優れる。PEに性質が似ている。	PEと同じだが、より軽量、高剛性で紫外線にも強い。パイプやフィルム、自動車部品など

● 熱可塑性樹脂の性質と用途 ●

名称（記号）	性質	用途
エポキシ樹脂 （EP）	常温・常圧で成形できる。耐熱性、耐薬品性に優れ、金属への接着性が大きい。	接着剤、塗料、ICの絶縁体、複合材料など。高価である
フェノール樹脂 （PF）	電気絶縁性、耐酸性、耐熱性、耐水性に優れる。強度もあって燃えにくい。	配線器具、なべ類の取っ手、テレビなどのキャビネット、ブレーキライニングなど
不飽和ポリエステル樹脂（UP）	常温・常圧で成形できる。電気絶縁性、耐熱性、耐薬品性に優れる。	小型船舶、浄化槽、浴槽ユニット、複合材料、板材など。エポキシより安価

● 熱硬化性樹脂の性質と用途 ●

1-7 複合材料って何だろう

ポイント1 ☞ 複合材料の構成要素は？

　人間と同じで材料にも長所と短所があります。「複合材料」とは、2種以上の材料を組み合わせて、お互いの長所を生かして優れた特性や機能を発現させたものです。例えばプラスチックは軽くて成形性に優れた材料ですが、金属に比べて強度が不足しています。そこで、プラスチックにガラス繊維や炭素繊維を強化材として複合化したものが「繊維強化プラスチック：Fiber Reinforced Plastic, FRP」です。その他に金属を母材として、炭化ケイ素 SiC やアルミナ Al_2O_3 を複合化して耐熱性や耐摩耗性を向上させた「金属基複合材料：Metal Matrix Composite, MMC」などがあります。実は木材も、リグニンというポリマーをセルロース繊維で強化した天然の複合材料です。

ポイント2 ☞ 強化材の種類と形態は？

　複合材料は、基材（母材やマトリクスとも呼ばれます）に強化材を分散させて製作されます。強化材には繊維と粒子があります。繊維強化型複合材料の代表例がFRPであり、船舶や航空機からスポーツ用器具まで幅広く用いられています。粒子強化型複合材料としてはMMCのほかに、例えばコンクリートがあります。セメントに硬い砂利を混ぜたものがコンクリートであり、単位体積あたりの価格はセメントよりも安くなります。このように私たちの身の周りでは複合材料が広く活用されています。

ポイント3 ☞ 異方性とは？

　FRPは強化繊維によって「ガラス繊維強化型プラスチック：Glass Fiber Reinforced Plastic, GFRP」と「炭素繊維強化型プラスチック：Carbon Fiber Reinforced Plastic, CFRP」の2種類に分かれます。基材の中の繊維の状態は短繊維がランダムに配置したものや長繊維が一方向に配列したもの、長繊維を縦と横に配置した織物の形状など様々です。

　強化材である繊維の並び方（配向）によって、複合材料は例えば引っ張る方向を変えると弾性率や強度が大きく異なる場合があります。これを「異方性」と呼びます。一般に、繊維の配向と平行に引っ張ると強く、垂直に引っ張ると

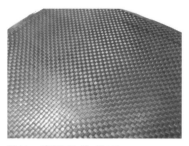

・基材：ポリアミド（PA6）
・炭素繊維：織物（平織）

● **炭素繊維強化型プラスチック（CFRP）** ●

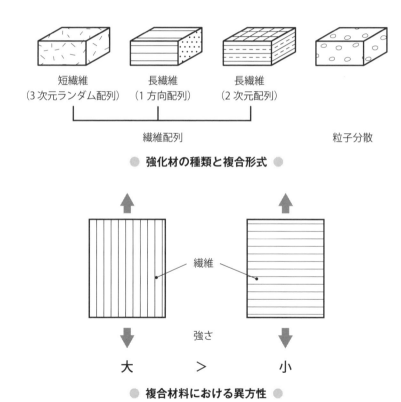

短繊維	長繊維	長繊維
（3次元ランダム配列）	（1方向配列）	（2次元配列）

繊維配列　　　　　　　　　　粒子分散

● **強化材の種類と複合形式** ●

繊維

強さ

大　　＞　　小

● **複合材料における異方性** ●

弱い性質を持っています。そのため、繊維方向を変えたFRP板材を交互に積層すれば、どの方向でも同じ特性を得ることができます。この性質を「等方性」と呼びます。粒子強化型複合材料では異方性は少なく、金属材料と同じような等方性を示します。

1-8 原子レベルでの結合と配列の違いがマクロ特性を支配する！
（金属、セラミックス、高分子材料の ミクロ構造はこんなに違う！）

ポイント1 ☞ 材料のミクロ構造とは？

　材料のマクロ特性を理解するためにはミクロ構造を知ることが重要です。どのような材料も細かく調べていけば原子・分子の世界に行き着きます。原子レベルでの結合と配列の違いが材料の様々なマクロ特性を生み出します。例えば原子の結合力の違いは強度に関係しますし、配列の違いによって変形の形態も変わってきます。

ポイント2 ☞ 原子結合力の種類は？

　原子間結合の種類は「一次結合」と「二次結合」の2種類に分かれます。一次結合には、正と負の電荷をもつイオン同士が電気的な引力で結びつく「イオン結合」、隣接した原子同士が電子を共有する「共有結合」、金属原子のまわりの電子が自由に動き回ることで生じる「金属結合」があり、強い結合力を持っています。二次結合には、原子内の電子の偏り（分極）によって生まれる「ファンデルワールス結合」と「水素結合」があります。金属は金属結合によって、セラミックスはイオン結合および共有結合によって、それぞれ原子同士が結びついていますので固くて強い特性を有しています。

　イオン結合型セラミックスの代表例は金属と非金属の化合物であり、塩化ナトリウム $NaCl$（実は岩塩もセラミックスの一種です！）、アルミナ Al_2O_3、ジルコニア ZrO_2 がこれに相当します。共有結合型セラミックスは2種の非金属の化合物かダイヤモンドやケイ素のように純粋な元素があります。高分子材料はそれぞれの原子は共有結合で結びついていますが、紐状の分子は弱いファンデルワールス力で結合しています。したがって、強度はそれほど高くありません。

ポイント3 ☞ 原子配列のパターンは？

　金属とセラミックスは原子がきれいに並んでおり、これを「結晶構造」と呼びます。原子配列にはパターンがあって、材料ごとに「単位胞」と呼ばれる構造が規則正しく配列しています。金属では、立方体の8個の頂点と中心に原子が位置している「体心立方格子：Body Centered Cubic, BCC」構造、立方体

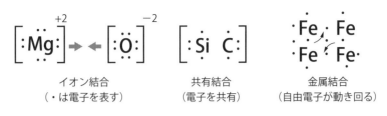

イオン結合
（・は電子を表す）

共有結合
（電子を共有）

金属結合
（自由電子が動き回る）

● **一次結合（強い結合）** ●

出典：「トコトンやさしいセラミックスの本」（社）日本セラミックス協会編、日刊工業新聞社（2009）

ファンデルワールス結合
（原子内で分極した電荷の引力）

● **二次結合（弱い結合）** ●

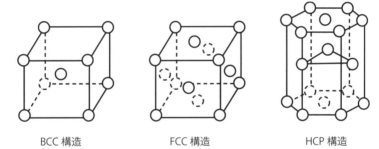

BCC 構造　　　　　　FCC 構造　　　　　　HCP 構造

● **金属の結晶構造における単位胞** ●

の8つの頂点と各面の中心に原子が位置している「面心立方格子：Face Centered Cubic, FCC」構造、六角柱の12個の頂点と上面・下面の中心、さらに内部に3個の原子が位置している「最密六方：Hexagonal Closed-packed, HCP」構造の3種類があります。

　鉄、クロム、モリブデンはBCC構造、アルミニウム、銅、ニッケルはFCC構造、チタン、マグネシウム、亜鉛はHCP構造というように、金属は3種類の構造に分かれています。ちなみに、単位胞の一辺の長さは数Å（1Å＝0.1nm＝10^{-10}m）です。非常に小さい世界での構造の違いがマクロ特性に影響を及ぼしています。この、スケール（尺度）の概念は重要なので、材料について考える際には常に頭に入れておいてください。

セラミックスは2種類以上の元素で構成されていますので、金属に比べて少し複雑な結晶構造を有しています。塩化ナトリウムNaClの結晶構造を見てみると、Cl原子の位置は金属におけるFCC構造そのものです。Na原子はFCC構造において原子が配置されていない、すなわち、空いている隙間に位置しています。ジルコニアZrO$_2$におけるZr原子もFCC構造ですが、O原子はFCC構造における別の隙間に位置しています。このようにセラミックスの単位胞では2種類の原子が秩序良く配列できるように工夫されています。

　高分子材料では原子が規則正しく並んでいません。これを「非晶質」または「アモルファス」構造と呼びます。例えば、ポリエチレン（PE）というポリマーはエチレン（C$_2$H$_4$）というモノマーがつながった長い紐状の構造を有しています。炭素原子が連なった背骨の周りに水素原子がくっついているイメージです。これらの多くの紐が絡み合って固体になったものがプラスチックです。この紐状の分子はファンデルワールス結合と水素結合によって結びついています。

　以上に述べたように、金属、セラミックス、高分子材料で原子の結合力と配列は異なり、このミクロ構造がマクロ特性と大きく関わっています。例えば、金属やセラミックスの融点は高く、高分子材料は低い理由もこのことから説明できます。原子は室温においても振動しています。温度を上げるとこの振動がさらに大きくなります。結合力が高く、規則正しく配列している金属とセラミックスでは、振動が大きくなっても原子同士が容易に分離することはありません。セラミックスが耐熱材料として使われる理由はそこにあります。

　高分子材料では紐状の分子が弱い結合力で絡み合っているだけなので、温度が高くなって原子の振動が大きくなると分子が容易に分離します。これが溶融という状態です。架橋構造によって分子をほどけにくくしたものが熱硬化性樹脂になります。一方で、融点が低いということは、低い熱エネルギーで溶融させて液体状態で型に流し込んで冷却すれば、容易に製品をつくることができます。材料を用途と使用箇所によってうまく使い分けることが重要です。まさに適材適所なのです。

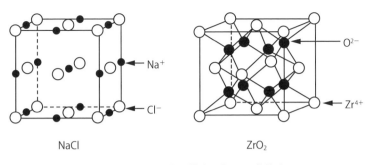

Na+
Cl−
NaCl

O²⁻
Zr⁴⁺
ZrO₂

● セラミックスの結晶構造における単位胞 ●

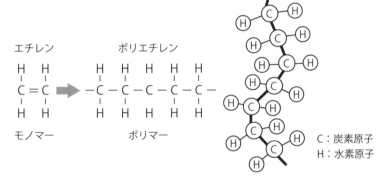

エチレン　　　　　ポリエチレン

モノマー　　　　　ポリマー

C：炭素原子
H：水素原子

● 高分子材料のミクロ構造 ●

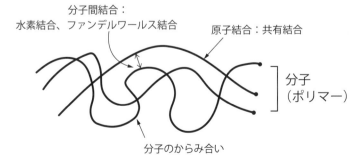

分子間結合：
水素結合、ファンデルワールス結合

原子結合：共有結合

分子
（ポリマー）

分子のからみ合い

● 高分子材料における原子・分子の結合 ●

第1章のまとめ

●材料加工学において学ぶこと
・機械材料の分類や名称／マクロ特性とミクロ構造の関係
・素材と加工方法／熱処理と表面処理／接合方法

◆ 各材料のポイント

●鉄鋼
・主要な添加元素は炭素（C）
・構造用鋼（一般構造用鋼、機械構造用鋼）、工具鋼、特殊用途鋼に分類
・工具鋼は添加元素が多く、硬くて強い
・特殊用途鋼の代表はステンレス鋼（さびない鋼）

●非鉄金属
・アルミニウムは添加元素によって合金番号が決まっている
　合金番号の後のアルファベット記号に注意
・銅は不純物の除去方法によって分類される

●セラミックス
・酸化物、炭化物、窒化物などの化合物（無機材料）
・耐熱性が高く、硬くて強いが脆い

●高分子材料（プラスチック：樹脂）
・モノマーが重合によってつながったものがポリマー
・熱可塑性樹脂と熱硬化性樹脂はミクロ構造が異なる（架橋構造）

●複合材料
・代表例はプラスチックに繊維を複合化させたFRP
・ガラス繊維⇒GFRP、炭素繊維⇒CFRP
・異方性を有する

●マクロ特性とミクロ構造
・マクロ特性は原子・分子の結合（一次結合、二次結合）と配列（結晶
　構造における単位胞に注目）によって決まる

機械材料の
マクロ特性は
ミクロ構造で決まる!

2-1 各材料の応力−ひずみ線図
（弾性率、降伏応力、引張強さ、破断伸び）

ポイント1 ☞ 応力−ひずみ線図とは？

　機械材料（金属、セラミックス、高分子材料）のマクロ特性（材料の変形と破壊）を調べる方法は「引張試験」と「曲げ試験」です。試験方法や試験片の形状は日本工業規格（JIS）で定められています。

　まず、材料を所定の形状に加工して試験片を製作します。その試験片を試験機に設置して、荷重を加えて変形させて破壊するまでの荷重と変形量を調べます。同じ材料でも大きさが違うと荷重と変形量は異なりますので、荷重を断面積で割った「応力」と変形量を元の長さで割った「ひずみ」でデータを整理します。これが「応力−ひずみ線図」です。この線図には材料特性に関する様々な情報が含まれています。材料によって線図の形や値は大きく異なります。

ポイント2 ☞ 金属、セラミックス、高分子材料の応力−ひずみ線図の違いは？

　金属の応力−ひずみ線図において、荷重が小さい領域では線図が直線を示します。応力とひずみが線形関係にあり、線の傾きを「弾性率」または「ヤング率」と呼びます。この領域での変形を「弾性変形」と呼び、途中で除荷したら元の形に戻ります。荷重を大きくしていくと、応力とひずみは非線形関係となり、応力に対してひずみが大きくなります。すなわち、一定の応力を越えると変形が大きくなり、除荷しても元の形に戻りません。この領域での変形を「塑性変形」、塑性変形が開始する応力を「降伏応力」と呼びます。さらに荷重を大きくすると最大応力を越えて試験片がくびれて応力が低下します。この最大応力を「引張強さ」と呼びます。また、破壊するときのひずみを「破断ひずみ」と呼びます。まとめると以下のようになります。

　　・材料に荷重を加えると……弾性変形　⇒　塑性変形　⇒　破壊
　　・弾性率（ヤング率）……材料の剛性（変形しにくさ）
　　・降伏応力……塑性変形開始点、この応力以下になるように製品を設計
　　・引張強さ……材料の強度（強さ）
　　・破断伸び……材料の変形能力（加工のしやすさと関係）

　セラミックスについては曲げ試験を実施して応力−ひずみ線図のデータを得ます。硬くて脆い材料なので金属の引張試験のように試験片を破壊せずに強い

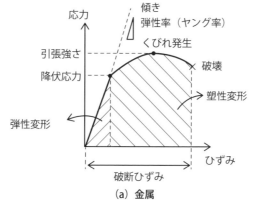

（a）金属

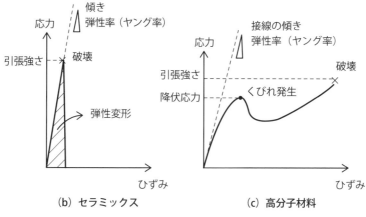

（b）セラミックス　　　　　（c）高分子材料

● **応力-ひずみ線図** ●

力でつかむことが困難であるためです。セラミックスは変形しにくく、弾性率が非常に高い材料です。しかし、脆いために弾性変形の途中で破壊します。塑性変形がほとんどないので、力で変形させて形を変える加工は不可能です。

　高分子材料の応力−ひずみ線図は、金属やセラミックスと大きく異なります。まず、弾性変形の領域で応力とひずみの関係が直線ではありません。そのため弾性率は初期ひずみにおける接線から求められます。接線を用いるので、ある程度の誤差を伴うことは避けられません。荷重を大きくしていくと、金属のように降伏点が現れ、そこを過ぎると試験片がくびれて応力が低下します。金属の場合はくびれた部分から破壊しますが、高分子材料はくびれて細くなった部分がさらに延びていき、最大応力で破壊します。それぞれの材料の変形と破壊はミクロ構造と密接に関連しています。

2-2

金属の変形と破壊①
弾性変形と塑性変形

　金属を引っ張っていくと最初は弾性変形で、降伏応力を越えると塑性変形にモードが変わります。弾性変形は除荷すると元の形に戻るので、機械部品を設計するときは降伏応力を越えないように形状や寸法を決める必要があります。塑性変形のモードになると荷重を取り除いても元の形に戻りませんので設計という観点からは良い印象ではありません。しかし、材料の形が変わるという特性をうまく活用すれば、素材から製品形状に成形するための道具として利用することができます。これが塑性加工、例えばプレス加工や鍛造です。

ポイント1 ☞ 弾性変形のメカニズムは？

　ミクロの視点から弾性変形と塑性変形のメカニズムを考えてみましょう。金属は原子が規則正しく配列しており、原子同士は一定の力で結合されています。原子と隣り合う原子の間の距離が変われば結合力も変わります。距離が離れれば「引力（引きつける力）」、近づければ「斥力（反発する力）」が働きます。両者がつりあった場所が原子間の平衡位置です。平衡位置から原子間距離を離していくと、引力と原子間距離は線形の関係を示します。この傾きが弾性率の起源になります。つまり弾性変形の本質は「原子間距離の変化」です。原子間距離が変化するので、弾性変形ではわずかですが体積が変化します。

ポイント2 ☞ 塑性変形のメカニズムは？

　金属を引っ張っていき、降伏応力を越えると塑性変形が開始します。弾性変形は約0.2％のひずみに対して、塑性変形は数十％の大きいひずみを示します。なぜ、大きく変形できるのでしょうか。

　弾性変形における原子間距離の変化には限界があります。塑性変形の本質は「せん断力によるすべり変形」です。金属を引っ張ったときに、重ねた円盤を横に寝かせてすべらせるように変形すると大きく伸ばすことができます。引っ張った方向に対して斜めの面には、面に対して垂直方向の力と平行方向のせん断力が作用します。ある原子面がせん断力によってすべっていき、これらの変形が積み重なったものが塑性変形です。

　トランプを積み重ねて直方体をつくり、いろいろな場所でずらしたり回転さ

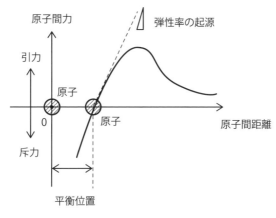

● 原子間距離と原子間力の関係 ●

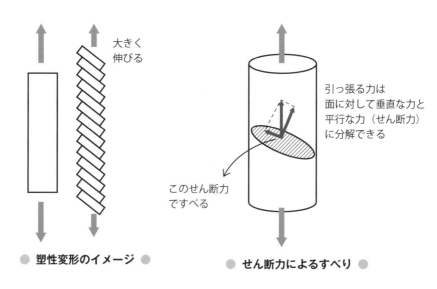

● 塑性変形のイメージ ●

● せん断力によるすべり ●

1
機械材料を
分類して
みよう

2
機械材料のマクロ特性は
ミクロ構造で決まる!

3
材料の加工方法は
たったの 3 種類だ!

4
鉄鋼の熱処理と
表面処理

5
接合技術

せたりすると形が変わります。これが塑性変形のイメージです。形を変えても
トランプの枚数は変わりません。すなわち、塑性変形では体積が一定です。
　塑性加工によって製品形状に成形するときに、どんなに複雑な形状でも元の
素材と体積は変わりません。製品の体積がわかれば、加工前の素材がどのぐら
い必要か計算できます。

2-3 金属の変形と破壊②
理想強度と欠陥(転位)の存在

ポイント1 ☞ 垂直応力とせん断応力とは？

　塑性変形はせん断力によるすべり変形です。すべり面に対して平行にせん断力が作用します。この力をすべり面の面積で割ったものが「せん断応力」であり τ で表します。一方、面に対して垂直に作用する力を面積で割ったものを「垂直応力」と呼び、σ で表します。引張試験における応力は垂直応力 σ に相当します。

ポイント2 ☞ 理想強度とは？

　すべり変形では、すべる位置の上下に存在する原子同士の結合を切りながら変形が進んでいきます。前節で示したように、原子間の結合力は関数形が決まっていますので、計算によって原子間の破壊応力を得ることができます。これを「理想強度」と呼びます。実際に計算すると理想せん断強度 $\tau_0 = G/2\pi$ となります。ここで G は「剛性率」と呼ばれ、せん断変形に対する弾性率です。しかし、実際の金属のせん断強度は、この値の1万分の1〜1000分の1と非常に小さく、計算値と一致しません。なぜでしょうか。

　どんな金属の中にも必ず欠陥が存在します。原子レベルでの欠陥によって、理想強度よりも小さな値ですべり変形が起きます。もしも欠陥がない理想的な金属が作れれば非常に高い強度を示しますが、変形させるために非常に大きな負荷が必要になります。つまり、現存の設備では絶対に加工できません。欠陥というと良いイメージではありませんが、どんな材料にも欠陥が含まれており、この欠陥のおかげで材料を加工して製品形状に仕上げることができます。

ポイント3 ☞ すべり変形を容易にする欠陥(転位)とは？

　すべり変形を容易にさせる欠陥とはどのようなものでしょうか。規則正しく配列した原子の中で、すべり面で上下の原子群をずらすためには、すべり面上に存在するすべての原子において結合を切っていく必要があります。ここで、すべり面の上面に、余分な原子面を導入します。この面を左から右へ動かしていき、端に到達すれば原子間距離1個分ずれます。このようにしていくと、原子1個切る力さえあればすべり変形は可能です。この余分な原子面こそがすべ

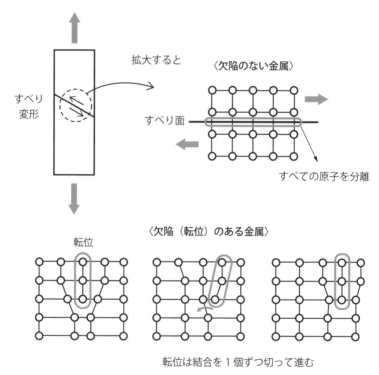

〈理想〉　　　　　　　　　　　　　　　〈現実〉
（原子間力から計算）　　　　　　　　　　（実際の金属）

せん断強度　　　　$\dfrac{G}{2\pi}$　$\dfrac{\text{一致しない!!}}{\boxed{欠陥の存在}\gg}$　$\dfrac{G}{20000\pi}\sim\dfrac{G}{2000\pi}$

● **理想強度と現実の強度は不一致** ●

拡大すると

すべり変形

〈欠陥のない金属〉

すべり面

すべての原子を分離

〈欠陥（転位）のある金属〉

転位

転位は結合を1個ずつ切って進む

● **すべり変形における転位の動き** ●

り変形を容易にする欠陥であり、「転位」と呼ばれます。

「転位密度」は任意の断面の単位面積と交わる転位の数として表されますが、一般の金属で$10^5 \sim 10^6$（mm^{-2}）です。$1\mathrm{mm}^2$の断面に転位（欠陥）が$10^5 \sim 10^6$個含まれていることを示しています。このたくさんの原子レベルでの欠陥によって、金属を加工することができます。様々な産業は材料内部のミクロ欠陥によって支えられています。

2-4

金属の変形と破壊③
強化方法
(転位の動きをいかに妨害するか)

ポイント1 ☞ 金属を強化するためには？

　金属は転位という原子レベルの欠陥によって、容易に塑性変形することができます。逆に、転位の運動を妨げれば、塑性変形しにくい硬くて強い金属を作ることができます。この特性を利用して様々な材料が開発されています。ミクロ構造を制御して金属を強化するメカニズムについては、転位の運動を妨害する物質の大きさ（スケール）によって異なります。

ポイント2 ☞ 固溶強化、析出強化のメカニズムは？

　構造体を構成する金属には、必ず様々な元素が添加されています。これを「合金」と呼びます。純金属で使用されるものは少なく、例えば、鉄に炭素を添加することで一定の強度を確保することができます。純金属の中に、異なる元素を添加すると大きさが異なるために原子の配列がゆがみます。ゆがみの近傍には応力場が生じて、転位の運動を妨げます。これを「固溶強化」と呼びます。

　基材と添加元素が結びついて化合物を形成する場合があります。この化合物を「析出物」と呼び、析出物によって転位の運動を妨害するのが「析出強化」です。航空機に使われているジュラルミン（アルミニウム合金）では、基材のアルミニウムと添加元素の銅が化合して、$CuAl_2$という硬い析出物を形成します。硬い析出物が分布していると転位の運動に対する障害物になります。

ポイント3 ☞ 細粒化強化、組織強化のメカニズムは？

　実用金属は「多結晶体」であり、非常に多くの結晶粒によって構成されています。例えば鉄鋼のミクロ組織を観察すると、$10 \sim 100 \mu m$の大きさの結晶粒から成り立っています。1個の結晶内は原子の配列がそろっていますが、それぞれの結晶における原子配列（方位）は異なります。結晶の境界を「粒界」と呼びます。つまり、多結晶体は結晶粒という単結晶の集合体です。これまでに説明してきたすべり変形のメカニズムは単結晶を想定しています。

　多結晶体では、それぞれの結晶粒において異なる方向にすべり変形が生じています。すべり変形は粒界を越えて結晶方位が異なる隣の結晶粒に伝播してい

転位の運動を妨害すれば金属は強化される‼

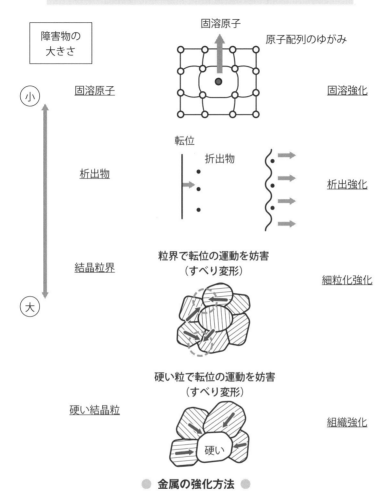

●　**金属の強化方法**　●

くので、粒界は転位の運動の障害になります。すなわち、結晶粒が細かいと粒界が多いためにすべり変形しにくい強い金属になります。これを「細粒化強化」と呼びます。

　また、組織を複合化して、軟らかい結晶粒の隣に硬い結晶粒を配置すれば金属は強化されます。これを「組織強化」と呼びます。軟らかいフェライトと硬いマルテンサイトを複合化した複合組織（Dual Phase）鋼は、自動車用材料として多く使われています。軟らかいフェライトで加工性、硬いマルテンサイトで強度を確保しています。

2-5

金属の変形と破壊④
塑性加工によって
強度が変わる!? (加工硬化)

ポイント1 ☞ 塑性加工における利点は？

　金属が塑性変形すると硬くなります。これを「加工硬化」と呼びます。塑性加工は、荷重を取り除いても永久変形が残る性質（塑性変形）を利用して製品形状に加工する技術です。つまり、塑性加工によって製造された製品は加工硬化によって元の材料の強度に比べて強くなります。これは塑性加工における大きな利点です。加工だけではなく強度向上の付加価値が得られます。

ポイント2 ☞ すべり系とは？

　塑性変形では、転位がすべり面において運動することによっておきるすべり変形です。実は、すべり面とすべり方向は以前に述べたBCC、FCC、HCPのどの結晶構造においてもたくさんあります。すべりをおこす結晶面は原子が最も密に並んでいる面で、すべり方向は原子が最も密に並んでいる方向です。

　例えばFCC構造では、すべり面が4個、すべり方向が3個あるので、4×3＝12個の組み合わせがあります。これを「すべり系」と呼びます。つまり、転位は様々なすべり面を様々な方向に移動しています。

ポイント3 ☞ 加工硬化のメカニズムは？

　塑性変形に伴い転位は増えていきます。その結果、いろいろな方向に動く数多くの転位がぶつかって絡み合い、動けなくなるということがおきます。転位が動けないので材料は強化されます。これが加工硬化のメカニズムです。

　右ページに、軟鋼を塑性加工した場合の転位の形態を示します。線状に見えているのが転位であり、加工前でも転位は存在しています。塑性加工によって転位が増殖して絡み合っている様子がわかります。また、転位の束同士がつながってセル構造をつくっています。転位を見るためには「透過型電子顕微鏡：Transmission Electron Microscope、TEM」を使用します。

　著者らの研究グループは、円盤状の板（素材）に3回の絞り加工（塑性加工の一種）を施した製品の側面部から、ワイヤーカットによって試験片を切り出して引張試験を行いました。その結果、軟鋼、高張力鋼どちらの材料も加工工程を重ねると加工硬化によって部品の引張強度が向上していくことを見出しま

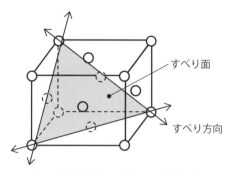

すべり面

すべり方向

● **FCC構造におけるすべり系** ●

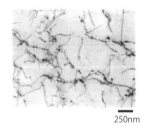

250nm

加工前の素材

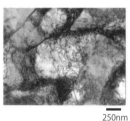

250nm

塑性加工後

● **転位のTEM写真** ●

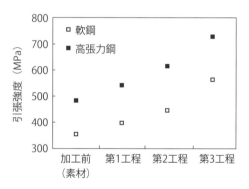

● **加工硬化による製品強度の向上** ●

1
機械材料を
分類して
みよう

2
機械材料のマクロ特性は
ミクロ構造で決まる！

3
材料の加工方法は
たったの3種類だ！

4
鉄鋼の熱処理と
表面処理

5
接合技術

した。軟鋼の3工程後の引張強度は、高張力鋼の素材強度よりも高くなっています。軟らかくて加工しやすい素材を使って塑性加工で形状を作るとともに加工硬化によって強度も高める、まさに一石二鳥です。

2-6

セラミックスの変形と破壊①
セラミックスは塑性変形が困難だ

ポイント1 ☞ セラミックスが硬くて強い理由は？

　セラミックスは非常に硬くて強い材料です。セラミックスを曲げていくとわずかな量ですが、弾性変形は可能です。しかし、そのまま曲げ荷重を大きくしていくと塑性変形は起こらず、折れて破壊します。セラミックスは塑性変形しにくい材料であり、言い換えると、転位が運動することが困難な材料ともいえます。

　転位が動けない要因として、セラミックスの原子結合が挙げられます。塑性変形しやすい金属では原子が金属結合によって結び付けられており、原子間を電子が動き回っています（「電子雲」と呼ばれます）。どの部分においても均等に結合力が作用しており、転位は自由に運動することができます。一方で、セラミックスは、イオン結合および共有結合によって原子が結合されています。イオン結合ではイオン同士が静電的引力（クーロン力）によって強く結び付けられています。共有結合では、原子間で電子を共有することによって原子同士が結びついています。どちらも、結合部分に強い力が働いており、転位が原子の結合を切りながら進んでいくことは困難です。セラミックスが硬くて強いというマクロ特性は、原子結合というミクロ構造に起因しています。

ポイント2 ☞ 高温での変形メカニズムは？

　低温（室温）では塑性変形が起こりにくいセラミックスですが、高温ではある程度の塑性変形が可能となります。ただし、融点の半分以上まで温度を上げなければならないため、例えばアルミナ（Al_2O_3）では1,200度以上の高温まで材料を加熱しなければなりません。

　塑性変形は形が変わる永久変形であるため、変形の際に何らかの形で「物質移動」が必要です。金属の変形では転位が動くことが物質移動に相当します。高温でのセラミックスの変形では、個々の原子が動く「拡散」という現象が支配的になります。原子は粒界および粒内を拡散していき、結晶粒の形が負荷の方向に伸びていきます。その際に、結晶粒界においてすべり（粒界すべり）が起こります。このように高温で原子の拡散と粒界すべりによって変形していくことを「クリープ現象」と呼び、セラミックスだけでなく金属でも起こります。

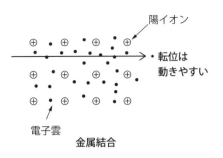

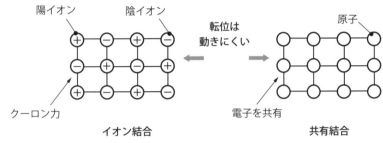

● **原子の結合と転位の動きやすさ** ●

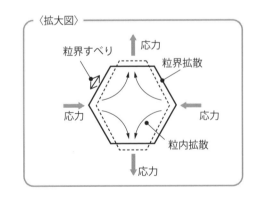

● **クリープ変形における原子の拡散と粒界すべり** ●

ポイント3 👉 **超塑性現象とは？**

　近年では、微細な結晶粒からなるセラミックスを高温で変形させると100％
以上の伸び（元の長さの2倍以上）を示す「超塑性現象」も注目されていま
す。超塑性現象をうまく利用すれば、セラミックスの塑性加工が実現できるか
もしれません。加工技術と材料開発は密接に関連しています。

1
機械材料を
分類してみよう

2
機械材料のマクロ特性は
ミクロ構造で決まる！

3
材料の加工方法は
たったの3種類だ！

4
鉄鋼の熱処理と
表面処理

5
接合技術

セラミックスの変形と破壊②
セラミックスの強度は
欠陥寸法に依存する

ポイント1 ☞ 脆性材料、延性材料とは？

　セラミックスは塑性変形が困難なので、引っ張ったり曲げたりすると変形せずに割れるように破壊します。壊れた部分を観察すると非常にきれいな平面であり、変形の跡は認められません。これを「脆性」と呼びます。セラミックスやガラスは脆性材料です。一方、金属のように大きく塑性変形して壊れる材料は「延性材料」と呼ばれます。

ポイント2 ☞ セラミックスの強度はどのようにして計算するのか？

　2-3節で説明したように、せん断変形に関する実際の材料強度は、転位という欠陥によって理想強度よりもはるかに低い値を示します。セラミックスのような脆性材料は破壊が垂直応力によって支配されています。引張強度（垂直応力）についても理想強度を得ることができます。実際に計算すると理想引張強度 $\sigma_0 = E/10$ となります（E：弾性率、ヤング率）。アルミナ（Al_2O_3）の弾性率は400GPaですので、理想引張強度は40GPa（40,000MPa）となります。

　ところが実際の強度は曲げ強さで400MPa程度であり、理想強度の100分の1です。引張強度に関しても、せん断強度の場合と同様に、実際の強度は理想強度に比べて極端に低くなります。セラミックスのように硬くて強い材料は欠陥に弱く、少しでも小さな傷があるとその部分からき裂が生じて容易に破壊します。セラミックスは欠陥に対して敏感なのです。理想強度と一致しない理由は、欠陥が含まれているためです。

　製造されたセラミックスは必ず欠陥を含んでいます。これは製造工程に関係しています。焼結工程では、原料となる粉末を高温で焼き固めます。最初は球状の粉末が高温・高圧によって結合していきます。そのプロセスで、埋まりきらなかった空間が「気孔」と呼ばれる欠陥として材料の中に残ります。この気孔（欠陥）の寸法によってセラミックスの強度は決定されます。引張強さは下記の式で計算できます。

$$\text{セラミックスの引張強さ} \quad \sigma = \frac{K_C}{\sqrt{\pi a}} \quad \cdots 式①$$

（K_C：破壊靭性、a：欠陥寸法の半長）

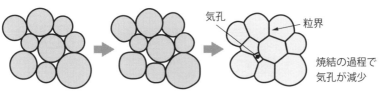

● **セラミックス粉末の焼結と気孔** ●

出典：「トコトンやさしいセラミックスの本」（社）日本セラミックス協会編、日刊工業新聞社（2009）

	材料名	破壊靱性Kc（MPa$\sqrt{m}$））
金属	純金属（銅など）	100 － 350
	軟鋼	140
	アルミニウム合金	23 － 45
セラミックス	アルミナ（Al$_2$O$_3$）	3 － 5
	ジルコニア（ZrO$_2$）	7 － 8
	炭化ケイ素（SiC）	3

● **金属とセラミックスの破壊靱性** ●

ポイント3 🖙　**セラミックスの強度を向上させるには？**

　「破壊靱性」は欠陥に対する感受性を表す材料定数です。例えば、軟らかくてよく伸びる軟鋼は欠陥に対して強いので、140（MPa$\sqrt{m}$）と大きな値を示します。一方、セラミックスであるアルミナ（Al$_2$O$_3$）の破壊靱性値は3～5（MPa$\sqrt{m}$）であり、欠陥に対して敏感で弱いことがわかります。式①からセラミックスの強度を向上させるためには、材料開発によって破壊靱性を高めること、製造工程を工夫して欠陥である気孔を小さくすることが必要です。また、気孔の密度である「気孔率」を減らすことも重要です。

　セラミックスでできた製品の強度は、気孔の最大寸法によって決まります。1個でも大きな欠陥があれば、そこで強度が決まります。したがって、同じ製造方法でも大きな製品のほうが小さな製品よりも強度が下がります。大きな製品のほうが、より大きな欠陥を含んでいる確率が高いためです。このことを「寸法効果」と呼びます。

　セラミックスの強度は欠陥の存在確率に支配され、強度のばらつきも大きいので、破壊強度を予測するためには統計的な手法が必要です。強度の統計理論で使われる統計分布関数は数多いのですが、セラミックスの強度分布の解析には「ワイブル分布」が広く適用されています。

2-8

高分子材料の変形と破壊①
金属・セラミックスと大きく異なる点は？

ポイント1☞ 高分子材料における結晶性とは？

　高分子材料のミクロ構造は金属・セラミックスと異なっており、原子が規則正しく並んでいません。モノマーが重合してできた紐状のポリマーが絡み合った構造になっています。ただし、部分的にですが、紐状ポリマーがきれいに折り畳まれて原子が規則正しく配列している場合もあります。

　高分子材料を溶融状態から冷却すると、結晶が球状に成長します。これを「球晶」と呼びます。熱可塑性樹脂は、結晶部分（球晶）とポリマーが不規則に絡み合った非結晶部分の混合体であり、その割合は種類や製造方法によって異なります。一方、熱硬化性樹脂は、架橋反応によってポリマー同士が3次元的につながっているので規則正しい配列ではなく、非晶質材料になります。どちらの材料においても、非晶質部分が変形や破壊に大きく関係します。

ポイント2☞ プラスチックの変形機構は？

　プラスチックを引っ張っていくと、非晶質部分で紐状に絡み合ったポリマーが伸びていきます。ポリマーの背骨にあたる炭素同士の共有結合（一次結合）は非常に強いので、弱い二次結合の部分が変形を負担します。したがって、弾性率は紐状のポリマー同士をつないでいる二次結合によって決まります。

　降伏応力を越えると、ポリマーは無秩序な絡み合いから引き伸ばされます。そして、伸ばされた部分ではくびれが生じます。金属ではこのくびれ部にひずみが集中して破断するのですが、高分子材料では応力（ひずみ）の増大とともに、くびれ部分が広がっていきます。そして、すべてのポリマーがきれいに一方向に整列するまで伸び続けます。高分子材料の破断伸びが大きいのはこのためです。

ポイント3☞ クレージングとは？

　一方で、硬くて強いプラスチックも存在します。例えばポリスチレンを引っ張ると、弾性変形のまま降伏せずに高い応力で破壊します。このような種類のプラスチックは高強度ですが伸びは少ない脆性材料であり、局所的に応力が集中した領域で、き裂（クラック）が生成して破壊につながります。

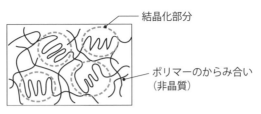

結晶化部分

ポリマーのからみ合い
（非晶質）

● **高分子材料における結晶性** ●

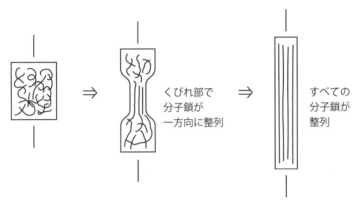

くびれ部で
分子鎖が
一方向に整列

すべての
分子鎖が
整列

● **プラスチックの変形メカニズム** ●

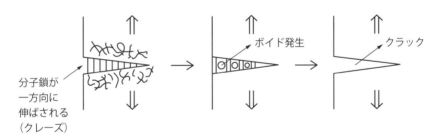

ボイド発生

クラック

分子鎖が
一方向に
伸ばされる
（クレーズ）

● **クレーズがクラックに成長するモデル** ●

出典：「プラスチック材料大全」本間精一、日刊工業新聞社（2015）

　破壊に先立って観察される現象に「クレージング」があります。負荷によってポリマーの中に小さな穴状欠陥（ミクロボイド）が生成しますが、ボイドの間には引き伸ばされた分子鎖があります。さらに負荷を大きくすると、分子鎖が切れてき裂に成長します。プラスチックを曲げると曲げ部が白くなるのが「クレーズ」です。さらに力を加えて曲げていくと、クレーズの中心にき裂が生成して、き裂の成長から破壊に至ります。

2-9 高分子材料の変形と破壊②
ガラス転移温度は重要なパラメータだ

ポイント1 ☞ ガラス転移温度とは？

前節で、軟らかいプラスチックと硬いプラスチックは、応力－ひずみ線図の形が異なることを示しました。例えば、前者はポリエチレン、後者はポリスチレンが相当します。これは室温での特性ですが、同じ材料でも温度によって応力－ひずみ線図は変わります。

硬質プラスチックで温度を上げていけば、弾性率と強度が低下します。つまり、硬くて脆い固体から、軟らかくて粘性のある固体に変質します。さらに温度を上げていくと融点に達して溶けて液体になります。

ポイント2 ☞ Tg前後でプラスチックの力学特性はどのように変わるか？

温度と弾性率の関係をグラフにすると、ある温度で弾性率が急激に低下します。この温度を「ガラス転移温度：Tg」と呼びます。プラスチックはTgよりも低い温度域では「ガラス状態」であり、硬くて強く金属のように振舞います。一方、Tgを越えると、弾性率が低下して粘性を帯びたゴムのような挙動「ゴム状態」を示します。

ガラス転移温度は、プラスチックの種類によって異なります。例えば、ポリエチレンのガラス転移温度は－90℃なので、室温ではゴム状態で軟らかいことがわかります。一方、ポリスチレンのガラス転移温度は100℃で、室温ではガラス状態であり、硬くて強い性質を示します。高分子材料の選定ではガラス転移温度が重要であり、Tg以下の温度域で使用することが基本です。耐熱性の高いプラスチックとは、ガラス転移温度と融点が高いものを指します。

ポイント3 ☞ 結晶化度と強度、耐熱性の関係は？

ガラス転移温度の意味についてミクロ構造から説明します。Tg以下では、力がかかっても絡み合ったポリマーは容易には動けません。温度を上げていきTgに達すると分子の主鎖が回転、振動するためポリマー自身が動き始めます。さらに温度を上げていくと運動は大きくなり、引張変形を加えると、絡み合ったポリマーがほどけて伸びていきます。ここで、結晶化した部分があると、その部分は動いたり滑ったりすることができないため、変形の妨げになり

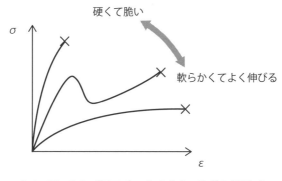

● **いろいろなプラスチックの応力−ひずみ線図** ●

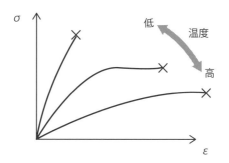

● **応力−ひずみ線図に及ぼす温度の影響** ●

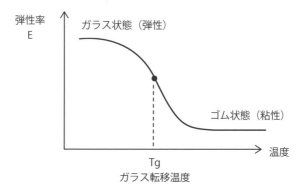

● **プラスチックにおける弾性率と温度の関係** ●

ます。すなわち、結晶化領域が大きいとガラス転移温度や融点が高くなり、室温でも硬くて強いプラスチックになります。「結晶化度」と強度や耐熱性は密接に関連しています。

高分子材料の変形と破壊③
複合材料の強度評価
（異方性と複合則）

ポイント1 ☞ 複合材料の異方性とは？

　複合材料は、引っ張る方向によって弾性率や強度が異なります。CFRPは軟らかい高分子材料を母材（マトリクス）として、その中に炭素繊維を複合化させます。

　例えば、マトリクスをエポキシに選ぶと、その弾性率は2GPa、引張強さは40MPaです。一方、強化材である炭素繊維の弾性率は250GPa、引張強度は2,000MPaと非常に高いため、繊維の配向方向に対して平行（0度）で引っ張ると弾性率と強度が高くなります。一方、繊維に対して垂直（90度）で引っ張ると軟らかいエポキシも荷重を負担するようになり、弾性率と強度は低い値を示します。

　したがって、等方性を示すFRPを作りたい場合は、0度、45度、90度の材料を積層する必要があります。また、荷重の方向が一方向だけであればその方向に繊維を配置させればよいということになります。

ポイント2 ☞ 複合則とは？

　複合材料の弾性率は「複合則」によって求めることができます。まず、繊維に対して0度方向に引っ張る場合を考えます。母材と繊維は十分な強度で接着されており、はく離しないと考えると、母材のひずみと繊維のひずみは等しくなります。ここで、母材（マトリクス）の弾性率をE_m、繊維の弾性率をE_f、繊維の体積率をV_fとして、母材の応力をσ_m、繊維の応力をσ_f、両者の等しいひずみをεとします。フックの法則（$\sigma = E\varepsilon$）を使うと、複合材料に働く応力σは下記の式で表されます。

$$\sigma = V_f \sigma_f + (1 - V_f) \sigma_m$$
$$= V_f E_f \varepsilon + (1 - V_f) E_m \varepsilon$$
$$= \{V_f E_f + (1 - V_f) E_m\} \varepsilon$$

したがって、0度方向の弾性率E_0は次式で表されます。

$$E_0 = V_f E_f + (1 - V_f) E_m \quad \cdots 式①$$

　繊維に対して90度方向に引っ張る場合は、母材と繊維に働く応力が等しくなります。それぞれのひずみ（変形量）は異なります。母材のひずみをε_m、繊

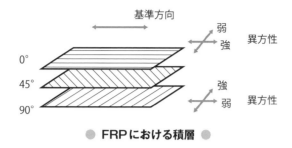

● **FRPにおける積層** ●

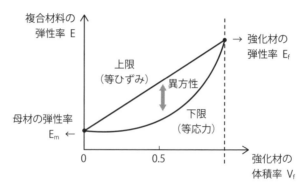

● **複合材料の弾性率と強化材の体積率の関係** ●

維のひずみをε_f、両者の等しい応力をσとします。複合材料に働くひずみεは下記の式で表されます。

$$\varepsilon = V_f \varepsilon_f + (1 - V_f) \varepsilon_m$$
$$= V_f (\sigma/E_f) + (1 - V_f)(\sigma/E_m)$$

したがって、90度方向の弾性率E_{90}は次式で表されます。

$$E_{90} = 1/\{V_f/E_f + (1 - V_f)/E_m\} \quad \cdots 式②$$

ポイント3 ☞ 等方性を現出させる方法は？

　式①は複合材料の弾性率の上限値、式②は下限値を表しています。上限値は強化材の体積率を増やしていけば線形的に増えていきますが、下限値はある体積率まではあまり向上しないことがわかります。エポキシに炭素繊維を60％複合化させたときの0度方向の弾性率は151GPa、90度方向は5GPaです。約30倍の大きな違いがあり、これが異方性の特徴です。ただし、設計者にとっては等方的な材料の方が扱いやすいので、先に述べた積層の手法を用いてCFRPを製造します。

2-11 材料を評価するときは き裂(欠陥)に対する抵抗も 大事だ(破壊靭性)

ポイント1 ☞ 破壊靭性とは？

　材料の機械的性質で重要なパラメータとしては、応力－ひずみ線図から得られる弾性率、降伏応力、引張強さ、破断伸びなどが挙げられます。一方で、セラミックスのように非常に硬くて脆い材料は、小さな傷などの欠陥に対して敏感であり、破壊強度が欠陥の寸法によって決定されます。

　金属の中でも非常に硬くて強いものは、セラミックスと同様に欠陥に対して敏感です。材料の破壊に関する感受性は破壊靭性というパラメータで表現されます。具体的には、破壊靭性はき裂（欠陥）に対する抵抗を示しています。高強度材料は強度が高いといって安心はできません。製造工程や使用時に傷やき裂などの欠陥が発生すれば、急速に破壊してしまいます。一般に、高強度材料は破壊靭性が小さいので、欠陥が発生しないように気をつけなければなりません。

ポイント2 ☞ Griffithの脆性破壊理論とは？

　破壊靭性は「破壊力学」における重要な概念です。破壊力学は「き裂の力学」です。破壊力学を使って、き裂が発生することで材料の強度がどのくらい低下するか調べることができます。

　破壊力学は1920年にGriffithが提唱した脆性破壊理論によって誕生しました。Griffithは大きなガラス板（脆性材料）に様々な長さのき裂を導入して強度を調べました。そして、材料内に潜在する微小き裂の破壊強度への関与を初めて明らかにしました。その基本原理は「エネルギーのバランス」です。

　き裂が導入された材料を外力によって引っ張ると材料の中に「ひずみエネルギー」が生じます。一方、き裂が進んでいくということは、新しい表面ができていくことです。表面ができるためには「表面エネルギー」が必要です。簡単に表現すると、ひずみエネルギーが材料固有の表面エネルギーと釣り合って越えたときにき裂が進みます（実際はそれぞれのエネルギーの増分を考えます）。

　ガラスに力を加えて割った後に破片を張り合わせると元の形になります。ガラスに加えたエネルギーは変形には使われず、き裂面における表面を作るエネルギーに消費されたことになります。

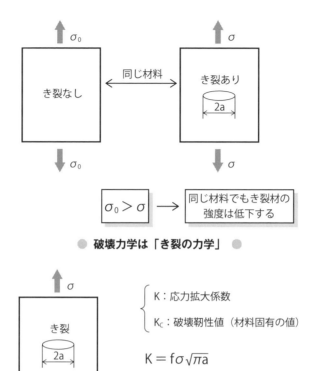

● 破壊力学は「き裂の力学」 ●

$$K = f\sigma\sqrt{\pi a}$$

（f：形状係数）

〈破壊条件〉

$$K = f\sigma\sqrt{\pi a} = K_c$$

● 応力拡大係数と破壊靱性値 ●

ポイント3 👉 **破壊力学において重要なパラメータは？**

　破壊力学の理論では、「応力拡大係数：K」が破壊靱性値Kcを越えたときにき裂が進んで、急速破壊もしくは脆性破壊が進行すると考えます。ここで応力拡大係数Kは下記の式で表されます。

$$K = f\sigma\sqrt{\pi a}$$

σは負荷応力、aはき裂長さの半長を表しています。fは形状係数であり非常に大きい板に小さなき裂が存在する場合は1です。このKの値が破壊靱性値Kcと等しくなったときにき裂の進展が開始します。セラミックスの引張強さの式（2-7節式①）は破壊力学から導出されました。

第2章のまとめ

●**引張試験による応力－ひずみ線図からわかること**

・弾性変形　⇒　塑性変形　⇒　破壊

・弾性率（ヤング率）、降伏応力、引張強さ、破断伸び

・金属、セラミックス、高分子材料の線図は異なる

●**弾性変形と塑性変形の違い**

・弾性変形　⇒　可逆、体積変化、原子間距離の変化

・塑性変形　⇒　不可逆、体積一定、転位の運動

●**理想せん断強度と実際のせん断強度の不一致**　⇒　欠陥（転位）の存在

●**金属の強化方法**　⇒　転位の運動を妨害する

固溶強化、析出強化、細粒化強化、組織強化

●**加工硬化は増殖した転位の絡み合い**　⇒　塑性加工では強度UP

●**セラミックスは原子結合（イオン結合や共有結合）の力が強く転位が動きにくい**　⇒　硬くて強い

●**セラミックスは製造時にできる気孔などの欠陥で強度が決まる**

引張強さ　$\sigma = \dfrac{K_C}{\sqrt{\pi a}}$（$K_C$：破壊靭性値、$a$：欠陥寸法の半長）

●**高分子材料の変形と破壊は絡み合った紐状ポリマーの挙動で決まる**

⇒　絡み合ったポリマーの引き伸ばしとクレージング

●**ガラス転位温度より低いと硬くて強いガラス状態**

ガラス転位温度より高いと粘性の高いゴム状態

ガラス転位温度は分子鎖の回転や振動が開始する温度

●**複合材料における弾性率は複合則を使って計算**

繊維配向に対して0度方向（等ひずみ）　$E_0 = V_f E_f + (1 - V_f) E_m$

90度方向（等応力）　$E_{90} = 1 / \{ V_f / E_f + (1 - V_f) / E_m \}$

●**破壊力学はき裂の力学（ひずみエネルギーと表面エネルギーのバランス）**

破壊条件　$K = f\sigma\sqrt{\pi a} = K_C$

（K：応力拡大係数、f：形状係数、σ：負荷応力、a：き裂長さの半長、K_C：破壊靭性値：き裂に対する抵抗）

第3章

材料の加工方法はたったの3種類だ!

—それぞれの長所と短所—

金属とセラミックス・高分子材料では加工プロセスが違う!

　材料の加工とは「いろいろな手段で素材を製品形状に成形すること」です。金属とセラミックス・高分子材料では加工プロセスが異なります。金属は原料から素材を作り、素材を一次加工によって素形材にして、素形材を二次加工によって製品形状に仕上げていきます。金属は世の中で最も使われている材料です。その使い方も様々であり、板や管などの標準的な形状で使うものもあれば、板を曲げたり絞ったり打ち抜いたりして複雑な製品形状に仕上げることもあります。そのため、素材から一気に製品形状を作るわけではなく、板や棒、管などの汎用性のある素形材を作ってから、その後の加工でいろいろな製品形状に仕上げていきます。

　一方、セラミックスと高分子材料は、素材から製品形状を一気に作り上げます。素形材という過程を経ないので早く作れるのですが、製品ごとに金型が必要になるのでコストが高くなります。

ポイント1 ☞ 金属の加工プロセスは?

　金属の原料は地中に存在する鉱石です。鉄、アルミニウム、銅は金属そのものとして存在するわけではなく、酸化物などの化合物（鉱石）として採取されます。この中から金属だけを取り出していく作業が「製錬」です。製錬、鋳造という過程を経て、素材としての鋳片が出来上がります。その後、素材である鋳片（金属の塊）を圧延や押出し、引抜き加工によって「素形材」に加工します。このプロセスを「一次加工」と呼びます。

　素形材とはブロックや板、棒、管（パイプ）、線材などを指します。この素形材を使って、製品形状に成形していくプロセスを「二次加工」と呼びます。皆さんが製品を作るときは板や棒を手に入れて、様々な加工を施して製品形状に仕上げていきます。

　実は、元の材料である板や棒にはすでに一次加工が施されています。素形材の種類によって材料に加えられる熱処理や負荷形態は異なります。したがって、同じ材料でも板か棒でミクロ組織が異なっている場合があります。

　また、素材である鋳片を溶かして型に鋳込むことで製品を作っていく「鋳造」という加工プロセスもあります。特に、融点の低いアルミニウム合金では

２つのパターンに分かれる

①

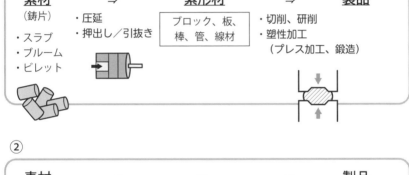

②

● 金属の加工プロセス ●

鋳造が多用されています。つまり金属の加工プロセスは、「①素材→一次加工
→素形材→二次加工→製品」と「②素材→鋳造→製品」の2種類に分かれます。

ポイント2 ☞ セラミックスの加工プロセスは？

セラミックスは硬くて脆く、融点も非常に高いために溶かして固めることや塑性変形させて形を作っていくことができません。そのため素材である粉末を加圧して焼結させて、所定の製品形状に仕上げます。

古代から作り続けられている陶磁器や建築で使用するコンクリートなどは、濡れた軟らかい粘土を成形してその後に焼き固められます。ニューセラミックスやファインセラミックスなど、高純度に精製された材料を使用して人工的に成分調整や組織制御が施されたセラミックスは、粉末の加圧・焼結によって製品形状に成形されます。

ポイント3 ☞ 高分子材料の加工プロセスは？

高分子材料の加工プロセスは、熱可塑性樹脂と熱硬化性樹脂で異なります。どちらの樹脂も基本的には金型を使用して製品形状を作ります。

熱可塑性樹脂は、ペレットという粒状の素材を加熱して溶融させ、型内に射出、充填して加圧しながら凝固させます。これを「射出成形」と呼び、熱可塑性樹脂で最も重要な成形方法です。その他に、溶融樹脂を決まった形状の金型を通して押し出すことで様々な断面形状の板をつくる「押出し成形」や、瓶の形状を作る「ブロー成形」があります。いずれの成形法も熱によって軟化するという熱可塑性樹脂の特性を利用しています。

熱硬化性樹脂は、熱によって化学反応（架橋）を起こして硬化します。素材は液体状の樹脂か樹脂の中に補強材などを混錬した粘土状の素材を使用します。「圧縮成形」は混錬した粘土を金型の中に入れて圧縮荷重を負荷して成形を行う方法です。「トランスファー成形」は、金型内に液体の樹脂を流し込んで製品形状を作る方法です。トランスファー成形は半導体のパッケージ（一体封止化）に欠かせない成形方法です。

圧縮成形とトランスファー成形は、どちらも金型を温めて樹脂を硬化させます。成形後の樹脂は金型内で架橋反応を起こすために再加熱しても溶融することはありません。圧縮、トランスファー成形は熱硬化性樹脂の典型的な加工方法であり、熱可塑性樹脂の成形には採用されません。

● **セラミックスの加工プロセス** ●

①熱可塑性樹脂

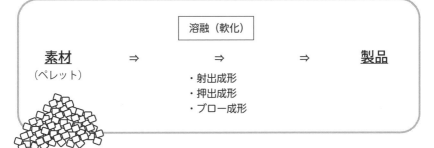

②熱硬化性樹脂

● **高分子材料の加工プロセス** ●

3-2 金属の原料は鉱石だ！
（鉱石からどうやって素材になる?）

ポイント1 ☞ 鉱石から金属を取り出す方法は？

　金属の原料は地中に埋まっている鉱石です。鉱石から金属を取り出す工程を「製錬」と呼びますが、製錬は鉱石から粗金属を取り出す「還元」工程と、粗金属からさらに不純物を取り除いて成分を調整する「精錬」工程に分かれます。

ポイント2 ☞ 鉄鋼の製造工程は？

　鉄鋼の原料は鉄鉱石（Fe_2O_3）です。鉄鉱石とコークス（石炭）、石灰石を「高炉」と呼ばれる巨大な炉の中に投入して還元処理を行うと「銑鉄(せんてつ)」が得られます。銑鉄は炭素量（C）が多く不純物も含んでいるために「転炉」で成分調整が行われます。ここでは、多すぎる元素を取り除くことや、元素量が決められた値になるように添加・調整が行われます。こうして鋼が出来上がります。精錬が終わった鋼は「連続鋳造」と呼ばれるプロセスを経て、ブロック状の鋳片に仕上げられます。

　鋳片は大きさによって呼び名が違います。「スラブ」は厚板・薄板用の素材で、厚さ130〜300mm、幅600〜2300mm、長さ3〜14m程度です。「ブルーム」は建築用に使われる形鋼用の素材で、一辺150〜550mm、長さ1〜10m程度です。「ビレット」は、棒材、線材用の素材で一辺110〜160mm、長さ1〜20mの範囲のものです。

ポイント3 ☞ アルミニウム、銅の製造工程は？

　アルミニウムの原料はボーキサイトであり、アルミナ（Al_2O_3）、酸化鉄、シリカ、酸化チタンなどの混合物です。ボーキサイトを細かく粉砕して水酸化ナトリウム溶液に入れてアルミナを取り出す方法を「バイヤー法」と呼びます。

　次に「ホール・エルー法」によって電気分解を利用してアルミナからアルミニウムを取り出します。固められたブロック（インゴット）のアルミニウム地金を溶解・鋳造して成分を調整して鋳片（スラブやビレット）を製造します。日本ではアルミニウム地金の製造は行っておらず、ほぼ100％を輸入に頼っています。地金に加えてリサイクル材も利用されます。

● **鉄鋼の製造工程** ●

ホール・
エルー法

バイヤー法
電気分解

ボーキサイト ⇒ Al_2O_3 ⇒ Al 地金 ⇒ 溶解・鋳造 ⇒ 鋳片
　　　　　　　　　　　　　・インゴット　　成分調整　　・スラブ
アルミナ、酸化鉄、　　　　　　　　　　　　　　　　　　・ビレット
シリカ、酸化チタン
の混合体

● **アルミニウム合金の製造工程** ●

　　　　純度 98.5%　　　　純度 99.9%

銅鉱石 ⇒ 粗銅 ⇒ 電気銅地金 ⇒ 溶解・鋳造 ⇒ 鋳片
　　乾燥・転炉　　電気分解　　　　　　成分調整　　・スラブ
酸化鉱　　　　　　　　　　　　　　　　　　　　　・ビレット
硫化鉱　　　　電気精錬

● **銅の製造工程** ●

　銅の原料は銅鉱石であり酸化鉱と硫化鉱に大別されます。銅鉱石の中で純度
の高いものを選別して、乾燥機で乾燥した後に転炉で溶解して銅に還元しま
す。できた銅の純度は98.5%であり「粗銅」と呼ばれます。次に、粗銅を陽極
にして、電気分解によって陰極に高純度の金属を電解析出させる「電解精錬」
を行います。このプロセスで純度の高い電気銅地金が出来上がります。この電
気銅を溶解・鋳造してさらに純度を高めて鋳片（スラブやビレット）を製造し
ます。

1
機械材料を
分類してみよう

2
機械材料のマクロ特性は
ミクロ構造で決まる！

3
材料の加工方法はたっ
たの3種類だ！

4
鉄鋼の熱処理と
表面処理

5
接合技術

3-3 金属における一次加工
（素形材の作り方）

ポイント1☞ 圧延加工とは？

　金属では、原料から製造した鋳片（スラブ、ブルーム、ビレット）を一次加工することで素形材を作ります。最も広く用いられている加工法は、生産性が高い「圧延加工」です。回転しているロールの間に鋳片を通して厚みや断面積を減少していき、板材、形材、棒材、線材、管材を成形します。ただし、大きな塊の鋳片をつぶしていくことは困難なので、高温に加熱して軟化させてから「熱間圧延」を行います。例えば鉄鋼では、鋳片を1000度以上に加熱してから圧延します。一方、室温での圧延を「冷間圧延」と呼びます。

ポイント2☞ 熱間、冷間加工とは？

　一般に、金属の再結晶温度（融点×0.4）以上で加工することが「熱間加工」です。塑性変形で加工硬化した材料を加熱すると結晶内部に生じたひずみや応力が取り除かれ、ひずんだ結晶の中にひずみのない結晶が生じて成長していきます。ひずんだ古い結晶が新しい結晶に置き換えられていく過程が「再結晶」です。

　厚さ6mm以上の板を「厚板」、厚さ3〜6mmの板を「中板」、厚さ3mm未満の板を「薄板」と呼びます。厚板は熱間圧延によって作られます。厚板を素材として、その後、冷間圧延によって薄板が作られます。冷間圧延では、寸法精度が良く、光沢がある平滑な表面を作ることができます。線路のレールや建築で用いられるH形材、I形材は、目的の形状に合わせたロールを用いて成形されます。ただし、一つの工程で最終形状に仕上げることは困難であり、複数の工程を経て、徐々に変形させていきます。棒材や線材も同様の加工法で成形されます。管材（パイプ）は、板材をロールによって管の形状に徐々に曲げていき、継ぎ目を電気抵抗溶接によってつなぎ合わせる「電縫管」と、円形のビレットを傾斜した樽型のロールを通しながら中心部にプラグで穴を開けていく「継目なし（シームレス）管」の2種類があります。

ポイント3☞ 押出し、引抜き加工とは？

　「押出し加工」は鋳片（ビレット）を耐圧肉厚容器のコンテナの中に入れ、

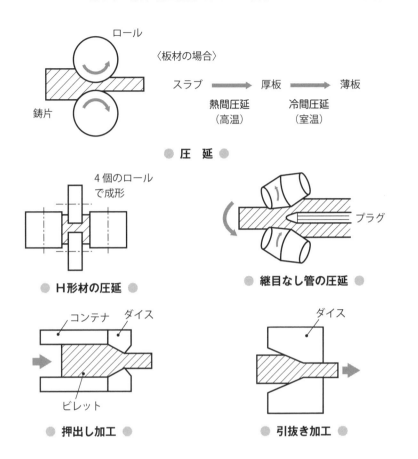

● 圧　延 ●

● H形材の圧延 ●　　　● 継目なし管の圧延 ●

● 押出し加工 ●　　　● 引抜き加工 ●

これを加圧してダイス穴から押出し、断面形状や断面積を変化させて長さを伸ばした素形材を成形する方法です。一般的に、小物以外は熱間で加工を行います。圧延では作れない複雑形状の製品や生産量が比較的少ない特殊鋼、アルミニウム合金、銅などの棒材、線材、管材、異形材（アルミサッシなどの窓枠）の製造に用いられています。圧延に比べて低いコストで設備を導入することができます。

　「引抜き加工」は先細りの穴を持った引抜きダイスを通して素材を引抜き、断面積を減少させてダイス穴径と同様の外径の線材に成形する方法です。線材の引抜き加工は「伸線加工」と呼ばれます。電線やピアノ線、細い管などは引抜き加工によって製造されています。通常は冷間で加工されますが、所定の形状に仕上げるために複数の引抜き工程（パス）を必要とします。1回の工程での断面積の減少を「減面率」と呼び、1回のパスでの減面率は軟鋼線で28〜35%、ピアノ線で10〜15%、非鉄金属線で15〜30%とされています。

材料に共通する加工方法
加工の基本はたったの3種類だ！

ポイント1 ☞ 3種類の加工法の原理と長所・短所は？

　材料の加工方法は非常に多く、材料や製品形状、生産数、コストなどによって使い分けられています。多種多様な加工法ですが、実は加工の基本は下記に示す3つに分類されます。

(1) 溶かす／固める（熱エネルギーの利用）

　この加工は、熱エネルギーを利用して材料を溶かして型に注入することで製品形状を成形する方法です。どのような金属でも製造工程の上流で原料から素材（鋳片）を作る際に鋳造が活躍します。また、融点の低いアルミニウムはインゴットや地金を溶かして金型に鋳込むことで製品を作ります。高分子材料の成形では溶かして固める方法が主流です。熱可塑性樹脂における射出成形、押出し成形、ブロー成形、いずれも樹脂を加熱して溶融または半溶融状態にして金型を使用して形状を作ります。熱硬化性樹脂における圧縮成形、トランスファー成形では、金型を加熱して型内で架橋反応を促進しながら固体化して成形します。セラミックスは耐熱性が高く、硬くて変形しづらいので粉末を原料として金型に入れて、高温で加熱しながら焼結させることで製品形状を作ります。溶かして固めるわけではないのですが、熱エネルギーの利用としてこの項目に入れました。

　「溶かす／固める」方法の長所は、複雑形状の成形が可能であることです。短所は熱変形によって寸法精度を確保することが困難なことです。鋳造で作られた金属部品は寸法精度を上げるために鋳造後に切削加工を行います。また、加工条件によって内部に欠陥ができる場合もあり、注意が必要です。

(2) 削る（材料の除去）

　刃物を使って材料を削って形状を作っていく加工法を「切削加工」、回転する砥石によって材料の表面を高速で微小に削る加工法を「研削加工」と呼びます。研削加工は切削加工の一種で、精度が高い平面や円筒面に加工するときに適用されます。どちらの加工も材料を除去して形状を仕上げていく方法です。材料を除去するためには表面を破壊していくことが基本になります。つまり、強度の高い材料を削っていく場合、刃物に大きな抵抗が生じます。

　「削る」方法の長所は高精度を確保することができることです。高い精度を

（1） 溶かす／固める（熱エネルギーの利用）

金属	⇒	鋳造
セラミックス	⇒	焼結（粉末を焼いて固める）
高分子材料	⇒	射出成形、押出し成形、ブロー成形、 圧縮成形、トランスファー成形

長所：複雑形状に対応　　短所：精度悪い

（2） 削る（材料の除去）

主に金属	⇒	切削加工、研削加工

長所：高精度　　短所：歩留まり悪い

（3） 変形させる（塑性変形の利用）

主に金属
　　⇒　一次加工（圧延、押出し加工、引抜き加工）
　　⇒　二次加工（ブロック：鍛造、板材：プレス加工）

長所：歩留まり良い、大量生産
短所：設備投資（プレス機械、金型）

● **材料の加工方法は3種類** ●

要求される製品には切削や研削加工が必須です。短所は、材料を除去して形状を作っていくために製品よりも大きな素材を必要とする点です。素材と加工後の製品の比率を「歩留まり」と呼びます。削る方法の短所は歩留まりが悪い点です。

（3） 変形させる（塑性変形の利用）

　材料、特に金属の塑性変形を利用して、素材から形を変えて製品形状に成形していく方法を「塑性加工」と呼びます。一次加工である圧延、押出し加工、引抜き加工も塑性加工の分類に入ります。二次加工において、ブロック状素材の塑性加工を「鍛造」、板材の塑性加工を「プレス加工」と呼びます。

　「変形させる」方法の長所は歩留まりが良いことです。塑性変形によって形を変えていくので体積一定の法則から製品の体積と同様の素材を準備すればよいということになります。また、大量生産に向いており、1分間に60個の部品を生産することも可能です。短所は、高価なプレス機械と金型を準備するために設備投資を必要とする点です。特に、金型は個々の製品に対して必要とされるため、大量に生産する製品でなければ元が取れません。

金属①
溶かす／固める：鋳造

ポイント1 ☞ 鋳造とは？

　鋳造とは、熱エネルギーによって金属を溶融させて、製品と同じ形状に作られた空洞部に流し込み、それを冷やして固める加工法です。他の加工法ではできない複雑な形状の製品を作ることが可能です。また、数グラムから数百トンまでの重量の製品を作ることができ、重量の制限が少ない加工法です。大量生産が可能であり、大部分の金属および合金に対して適用できます。廃品を再溶融して使用することでリサイクルが可能です。一方で、熱収縮のため高い寸法精度を得ることは困難です。また、肉厚の異なる製品の場合は内部の冷却速度の相違から金属組織が不均一になる場合があり、同じ形状を塑性加工で加工する場合に比べたら機械的性質が劣ります。

ポイント2 ☞ 砂型鋳造と金型鋳造の長所、短所は？

　鋳造で製造された品物を「鋳物」、空洞部を形成する型を「鋳型」、溶かした金属を「湯」または「溶湯」、湯を鋳型に注ぎこむ作業を「鋳込む」と呼びます。鋳型は、砂で作られる「砂型」と耐熱鋼などの金属で作られる「金型」の2種類があります。砂型鋳造法では、天然のけい砂、川砂、山砂を用いた耐火性に優れた鋳物砂で鋳型を作り、その中に湯を注いで鋳物を作ります。いろいろな形状の鋳型を容易に造ることができ、鋳造するたびに鋳型を作る必要がありますが、鋳型の生産コストは低く、設備費を少なくすることができます。一方で、鋳型の強度が低いために型崩れがおきやすいことや、冷却速度が遅いために金属組織が粗大化して製品強度が低いという欠点があります。

　金型鋳造法では、金型の製作において時間やコストがかかりますが、砂型と違って同じ型を何回も使うことができます。また、砂型鋳造に比べて冷却速度が速いため金属組織が微細であり、機械的性質に優れた鋳物を作ることができます。金型鋳造法は鋳込みで用いる湯の圧力により、「重力鋳造」、「低圧鋳造」、「ダイカスト」に区別されます。

ポイント3 ☞ 重力鋳造、低圧鋳造、ダイカストとは？

　重力鋳造は、溶解した金属を重力によって鋳型に流し込んで鋳物を作る方法

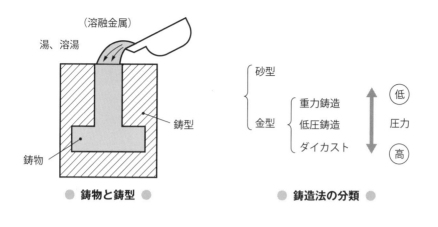

● 鋳物と鋳型 ●　　　　● 鋳造法の分類 ●

であり、圧力は大気圧程度です。アルミニウム合金、銅合金、マグネシウム合金などに適用されます。溶融金属が金型内部にスムーズに流入するので空気の巻き込みが少なく、品質の良い製品を作ることができます。鋳型に入った溶湯は凝固時に体積が収縮するために、その分を補うため「押湯」を設けます。

　低圧鋳造は、密閉された保持炉の中に空気または不活性ガスを作用させて0.01～0.1MPaの圧力を加えて溶湯を金型内に注入する方法です。押湯を必要とせず歩留まりの高い鋳造法で、主にアルミニウム合金に適用されています。

　ダイカストは溶融金属に高圧力を加えながら精密な金型に充填して凝固させる方法です。押湯の速度は秒速30～70mと非常に早く、0.1秒以内で充填が完了します。また充填完了後には30～100MPaの高い圧力を加えて短時間で凝固させます。寸法精度が高く、薄肉で複雑な形状の製品を短時間で大量に作ることができます。ダイカストはアルミニウム合金や銅合金、マグネシウム合金に適用されています。

　鋳造に使われる金属は様々であり、鉄鋼では炭素量（C量）が2%以上の「鋳鉄」、炭素量が2%未満の「鋳鋼」が使用されます。鋳鉄は炭素量が多いため、鉄の中に黒鉛（グラファイト）が混じった組織になっています。アルミニウム合金、マグネシウム合金、亜鉛合金は融点が低いため鋳造が加工法として多く用いられています。鋳造用アルミニウム合金では、さらに融点を下げて湯流れをよくすることと、凝固収縮を小さくするためにシリコン（Si）が添加されています。鋳造部品はエンジン部品やホイールなど自動車に多く採用されています。

3-6

金属②

削る：切削加工、研削加工

ポイント1 ☞ 切削加工とは？

切削加工とは、工作物の削ろうとする部分に、工作物の素材よりも硬いくさび状の刃物を押し込んでいき、工作物から不要な部分を削り取って製品形状を作っていく方法です。高価な工具を必要としないために少量生産に対応しやすく、高精度の加工が可能ですが、歩留まりが悪く加工時間もかかるためにコスト高になりやすいという短所があります。

加工において、削り取られた部分を「切りくず」、削られた面を「仕上げ面」、加工で用いる刃物を「切削工具」または「バイト」と呼びます。切削工具の刃先で素材を切り離して、すくい面で切りくずを形成していきます。工具が素材から受ける力が「主分力」であり、切削抵抗に相当します。切削加工では削る側の工具の寿命と削られる材料の被削性が重要です。

ポイント2 ☞ 工具寿命への影響因子は？

切削工具の刃先は素材との摩擦によって非常に高温になるため、工具材料には耐熱性や耐摩耗性に優れた高速度鋼（ハイス）や超硬合金（炭化タングステン：WC）が用いられます。炭素鋼やアルミニウムなどを切削すると切りくずの一部が刃先に付着して「構成刃先」を形成します。構成刃先は切削とともに発生と成長、脱落を繰り返します。そのため、仕上げ寸法や仕上げ面の状態を悪くして、工具の摩耗を促進します。

構成刃先を防止するためには切削速度を早くします。切削抵抗を減らせば工具寿命は延びます。切削抵抗の大きさは工作物の材質、刃の形状、切削面積、切削速度によって変わります。工具の寿命を延ばすためには、最適な切削条件を選定することが重要です。

ポイント3 ☞ 被削性の良い材料の条件は？　研削加工とは？

削られる側の被削性は切削抵抗や工作精度、仕上げ面の状態、工具寿命などから判定されます。切削抵抗が小さくてよく削れること、切削速度を大きくしても工具寿命が長いこと、きれいな仕上げ面が得られることなどが、被削性が良い材料の条件です。一般に、軟らかい金属は構成刃先を生じやすく、被削性

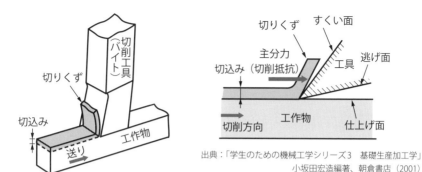

出典：「学生のための機械工学シリーズ3　基礎生産加工学」
小坂田宏造編著、朝倉書店（2001）

● **切削加工のメカニズム** ●

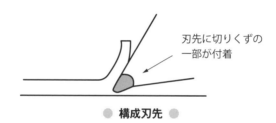

刃先に切りくずの
一部が付着

● **構成刃先** ●

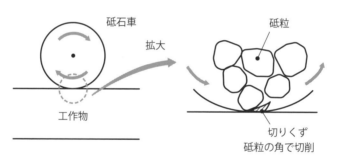

● **研削加工のメカニズム** ●

が悪い材料です。また、軟らかい材料では切りくずが切れずに連続して発生して削りにくいため、切りくずを細かく分断させるように、マンガンMn、リンP、硫黄Sを多く添加した「快削鋼」という材料もあります。

　研削加工は、砥石車を高速で回転させて工作物を切削する加工法であり、切削加工の一種です。研削加工では、刃物の代わりに硬い材料の砥粒を使って、その鋭い角で切削を行います。バイトで削れないような非常に硬い材料でも、精度の高い加工ができるという長所を持っています。ただし、材料の除去速度が小さいので大きな形状加工を行うことはできません。また、研削面は瞬間的に高温になり、急冷されるため大きな残留応力や加工変質層を生じやすいという短所があります。

3-7

金属③
変形させる：塑性加工（鍛造）

ポイント1 ☞ 鍛造の長所と短所は？

　材料、特に金属の塑性変形を利用して、素材から形を変えて製品形状に成形していく方法が塑性加工です。二次加工としての塑性加工は、ブロック状素材の鍛造と板材のプレス加工の2種類に分かれます。鍛造とプレス加工では考え方が異なります。鍛造は、ブロック素材の塊を様々な形状の金型で押して変形させる圧縮成形です。プレス加工は基本的に板材を引っ張りながら変形させていく引張成形です。

　鍛造は文字通り素材を鍛えて強くするという加工法です。素材である鋳片は金属を溶かして固めた状態ですので結晶粒は粗大であり、内部には鋳込んだときにできる空洞などの欠陥が存在します。この鋳片を加熱して軟化させて強い力で圧縮して形を作っていけば、粗大な結晶粒は再結晶によって微細化するとともに内部欠陥も押しつぶされます。鍛造品の内部には加工によって生じる「鍛流線（ファイバーフロー）」が連続して存在します。切削加工で製品を作る場合は鍛流線が切れてしまうので鍛造品よりも強度が低下します。鍛造は形を作るだけではなく、素材の材質や機械的性質を改善する加工法なのです。

ポイント2 ☞ 鍛造の分類は？

　鍛造は、素材を再結晶温度以上に加熱して加工を行う「熱間鍛造」と、室温で加工を行う「冷間鍛造」に分けられます。また、平らな工具で押しつぶしていく加工を「自由鍛造」、製品形状が彫ってある金型に材料を押し込んでいく加工を「型鍛造」と呼びます。熱間鍛造は大きな製品を作る場合に最終形状に近い形まで仕上げて材質を改善することができます。一方、製品表面に酸化皮膜が生じて寸法精度もあまりよくないため、切削加工などの仕上げが必要となります。室温で行う冷間鍛造では、よく伸びる材料を加工硬化によって硬くして、寸法精度の高い製品を作ることができます。表面状態も良いので仕上げ加工を省略することができ、低コストかつ大量生産に向いています。一方で、室温での加工であり、変形量に限りがあるため製品形状が円形や対称性の高いものに限られます。

　通常の鍛造では金型を上下に移動させて材料をつぶして成形していくのです

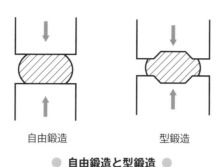

自由鍛造　　　　　　　　型鍛造

● **自由鍛造と型鍛造** ●

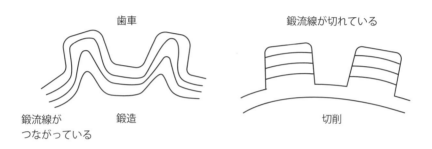

歯車　　　　　　　　　　　　鍛流線が切れている

鍛流線が　　　　鍛造　　　　　　　　　　切削
つながっている

● **鍛流線（ファイバーフロー）** ●

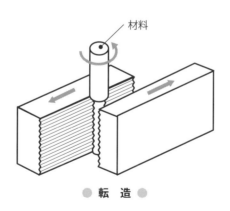

材料

● **転　造** ●

が、型や素材を回転させる鍛造を「回転鍛造」または「転造」と呼びます。ね
じの山や歯形を有する金型を素材に押し付けて転がしていき、その形を転写し
てねじや歯車を作ることができます。切削に比べて歩留まりが良く、ファイ
バーフローが切れないために製品強度に優れています。

1　機械材料を分類してみよう

2　機械材料のマクロ特性はミクロ構造で決まる！

3　材料の加工方法はたったの 3 種類だ！

4　鉄鋼の熱処理と表面処理

5　接合技術

金属④
変形させる：塑性加工（プレス加工）

ポイント1 ☞ プレス加工の分類は？

　3mm以下の薄板の塑性加工であるプレス加工では、板材に引張荷重を負荷して製品の形状を作っていきます。その方法は様々であり、主に、「せん断加工」、「曲げ加工」、「深絞り加工」、「張出し加工」に分類されます。その他に高強度材料のプレス加工で使用される「フォーム成形」があります。せん断加工は素材を破壊して形状を作っていく方法であり、曲げ加工、深絞り加工、張出し加工、フォーム成形は素材を塑性変形させて形状を作っていく方法です。

ポイント2 ☞ それぞれの加工法のポイントと加工に影響を与える因子は？

（1）せん断加工

　せん断加工は、材料に局所的に大きなせん断荷重を加えて素形材である板材から所定の形状に切断する方法です。強度の高い工具や金型を使って、素材を破壊させて切断していきます。この加工では、小さい加工荷重できれいな切断面を作ることがポイントです。

　素材を支える金型を「ダイス」、素材に押し込んで切断していく金型を「パンチ」または「ポンチ」と呼びます。パンチとダイの距離である「クリアランス」は切断する素材の板厚や材質によって変えます。

　パンチを降下させると素材に食い込んでいって「だれ」が生じた後に切断が始まります。ある程度まで切断すると上下のパンチとダイスの刃先からき裂が進展して破断します。切断後には破断面の下に「かえり」というバリが生成します。せん断加工の切断面には平坦な「せん断面」と粗さの大きい「破断面」が存在します。このような切断面の形状は、素材の材質とクリアランスの大小によって変わります。

　クリアランスが小さいとせん断面が大きくなり、加工荷重も増えます。クリアランスが大きいとせん断面が大きくなり、だれやかえりが大きくなります。工具や金型に負担をかけない小さい荷重で、なおかつ切断面をきれいに加工するためには適正なクリアランスを設定することが重要です。

　せん断加工によって所定の外周形状に素材から抜かれた「ブランク材」を使って、さらに製品形状に成形していきます。

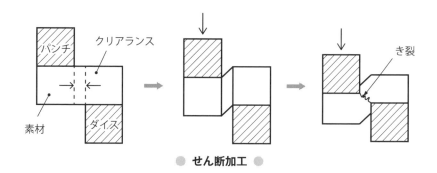

$$\begin{cases} 材料を切断する & \cdots\cdots\cdots\cdots & せん断加工 \\ \quad（破壊する） & & \\ 材料を変形させる & \cdots\cdots & 曲げ加工 \\ \quad（塑性変形） & & 深絞り加工 \\ & & 張出し加工 \\ & & フォーム成形 \end{cases}$$

● **プレス加工の分類** ●

パンチ　クリアランス　き裂

素材　ダイス

● **せん断加工** ●

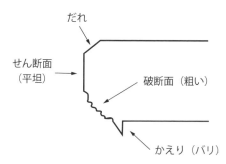

だれ

せん断面
（平坦）

破断面（粗い）

かえり（バリ）

● **せん断加工における切断部** ●

（2）曲げ加工

　曲げ加工は、板材や管材などを曲げて形状を作る加工方法です。塑性変形が起こっている部分は曲げ部だけなので、小さい加工荷重で形状を作ることができます。曲げと溶接を組み合わせると箱型の形状を作ることができます。Ｖ型のパンチとダイスを用いて素材（ブランク）を所定の角度に曲げることができますが、その際に問題となるのは「形状凍結性」です。例えば曲げ角度が90度の金型で、曲げ加工を行っても加工後に金型を素材から離すと90度から少し開いた形状になります。これを「スプリングバック」と呼びます。

曲げ加工では、スプリングバックを少なくして形状凍結性を向上させることがポイントです。スプリングバックの原因は材料の応力－ひずみ線図で説明できます。曲げ加工においてブランクの外表面には引張応力、内表面には圧縮応力が作用します。応力－ひずみ線図において塑性変形後に除荷すると、弾性率の傾きに沿ってひずみが少なくなります。この戻り分がスプリングバックです。したがって、高強度材料や弾性率の低い材料は曲げ加工におけるスプリングバック量が大きくなります。スプリングバックを小さくするためには、引っ張りながら曲げる、板厚方向に圧縮しながら曲げるといった複合的な荷重を加えることが有効です。特にパンチを押し込んでブランクを曲げていき、下まで押し込まれた「下死点」において板厚方向に圧縮荷重を負荷してスプリングバックを小さくする方法は製造現場においてよく使われています。

(3) 深絞り加工

　深絞り加工は「ドロー成形」と呼ばれ、穴などの窪んだ形状のダイスにブランクを設置して、外周部である「フランジ部」を押さえながらパンチを押し込んで形状を作る方法です。素材に働く荷重は場所によって異なります。フランジ部は直径が小さくなっていくので周方向には圧縮、径方向には引張の荷重が作用します。材料がパンチとダイの間に流れ込むと縦壁部分には上下に引張の荷重が作用します。底の素材は外周のパンチ肩部に向かって引っ張られるので周方向、径方向ともに引張荷重が作用します。したがって、フランジ部では圧縮荷重によって製品の肉厚が厚くなり、底部では引張荷重によって肉厚が薄くなります。特にフランジ部は「しわ押さえ金型」によって押さえていないと圧縮荷重によって「しわ」が発生します。

　一方、しわ押さえ荷重を大きくすると材料が流入しなくなってパンチ肩部で破断します。深絞り加工では圧縮荷重によるしわと引張荷重による破断を防止しながら製品形状を作っていくことがポイントになります。深絞り加工における加工限界は、ブランク直径Dとパンチ直径dの比である「限界絞り比：D/d」で表されます。限界絞り比は材料によって異なり、深絞り用の軟らかい鋼板で約2です。大きな直径のブランクから小さな直径の製品を深く絞って成形することは複数の工程を経なければ困難です。限界絞り比は材料によって異なります。板材の引張試験を行うと幅方向、板厚方向ともに小さくなります。幅方向のひずみεwと板厚方向のひずみεtの比を「ランクフォード値　r値：$\varepsilon w ／\varepsilon t$」と呼び、r値が大きい材料では、幅方向のひずみは大きく（縮みやすく）、板厚方向のひずみは小さい（薄くなりにくい）ので限界絞り比は大きくなります。

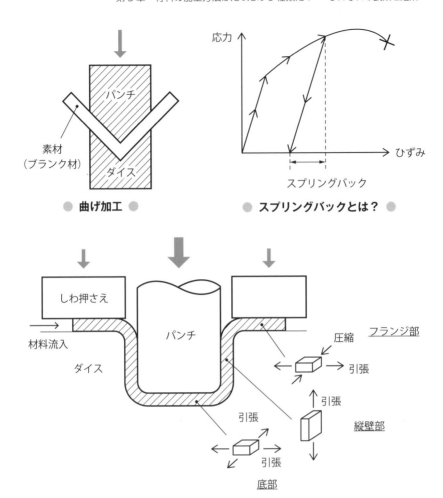

● 曲げ加工 ●　　● スプリングバックとは？ ●

● 絞り加工と各部分の荷重状態 ●

（4）張出し加工

　張出し加工は「バルジ加工」と呼ばれ、ブランクの外周部を固定した状態でパンチを押し込んで形状を作る方法です。深絞り加工と異なる点は、フランジ部から素材が流入するかしないかです。張出し加工では素材の流入がないため、材料には二軸方向に引張荷重が作用して肉厚は薄くなります。風船を膨らますことを想像してください。張出し加工では素材を膨らませて成形する際に素材を均一に変形させて、肉厚を均等にすることがポイントになります。この加工法は、外周から材料を流入する余裕がない場合や変形量の少ない浅い形状を安定して成形する場合に有効です。「加工硬化指数：n値」が大きい材料は

1 機械材料を分類してみよう

2 機械材料のマクロ特性はミクロ構造で決まる！

3 材料の加工方法はたったの 3 種類だ！

4 鉄鋼の熱処理と表面処理

5 接合技術

限界の張出し高さが大きくなります。応力－ひずみ線図において降伏応力を越えてから引張強さまでの挙動を表したものが加工硬化指数（n値）です。n値が大きい材料では降伏応力と引張強さの差が大きく、n値が小さい材料では降伏応力と引張強さの差が小さくなります。n値が大きい材料ではひずみがスムーズに伝播して均一に変形するために張出し性が良くなります。

（5）フォーム成形

　フォーム成形は、金型中央部のパッドでブランクを押さえて、周囲の材料を自由に移動させることにより成形する方法です。一方、ドロー成形は外周部を押さえて金型中央部を成形する方法です。

　ドロー成形では素材の流入をコントロールすることで成形性を向上させることが可能ですが、金型の構造が複雑で大きくなります。一方、フォーム成形では素材の拘束が少なく、加工荷重が最も小さくなるように材料が自由に移動・変形して成形されます。製品形状に展開したブランクを加工するため、材料の歩留まりが良く、金型も単純で小さくすることができます。

　様々な金属材料をフォーム成形とドロー成形によってハット型形状に成形した場合の形状凍結性を比較すると、材料の強度や弾性率によって形状凍結性が大きく変わるドロー成形に対して、フォーム成形では加工精度が材料に依存せずに高い形状凍結性を示します。特に、自動車製品において近年多用されるようになった高張力鋼板（ハイテン：High Tensile Strength Steel）に対してフォーム成形は有効です。

　フォーム成形とドロー成形の特徴を活かして、それぞれの方法を組み合わせることにより、プレス加工が可能な領域をさらに拡大することができます。

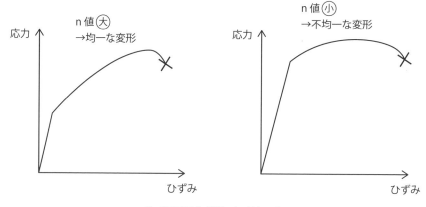

● 加工硬化指数（n値）●

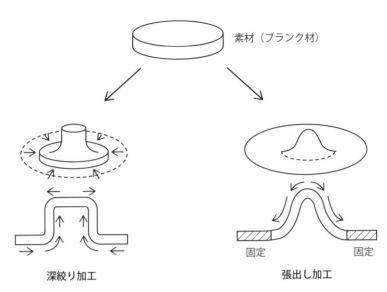

素材（ブランク材）

深絞り加工

張出し加工

固定　　　　　固定

● 深絞り加工と張出し加工の違い ●

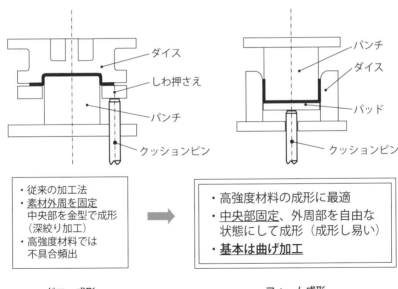

ダイス

しわ押さえ

パンチ

クッションピン

パンチ

ダイス

パッド

クッションピン

・従来の加工法
・素材外周を固定
　中央部を金型で成形
　（深絞り加工）
・高強度材料では
　不具合頻出

・高強度材料の成形に最適
・中央部固定、外周部を自由な
　状態にして成形（成形し易い）
・基本は曲げ加工

ドロー成形

フォーム成形

● フォーム成形とドロー成形 ●

3-9 セラミックス
粉末を熱して圧力で固める（焼結）

ポイント1 ☞ セラミックス製品の製造工程は？

　セラミックス、特にニューセラミックスやファインセラミックスなどは、高純度に精製された粉末原料を使用して、加圧・焼結によって製品形状に成形されます。一方で、古代から作り続けられている陶磁器や建築で使用するコンクリートなどは、濡れた軟らかい粘土を成形してその後に焼き固められます。

　原料である粉末の作製は品質の良いセラミックスを製造するために重要な工程になります。一般に、何も手を加えられていないセラミックスの粉末は形や大きさが不均一で流動性が悪いため、混合時に粉砕を行いながら微細かつ球状に整えられます。細かく均一な形状の粉末にすることで、焼結過程での反応を促進して欠陥を減らすことができます。セラミックス製品を作るときは、まず良い粉末を使用することがポイントになります。

ポイント2 ☞ 焼結法の分類は？

　次の工程である焼結では、粉末原料を型の中に入れて高温で圧力を負荷して焼き固めて製品形状を作ります。大きく分けて「常圧焼結法」、「加圧焼結法：ホットプレス」、「熱間静水圧加圧焼結法：Hot Isostatic Pressing, HIP」の3種類があります。常圧焼結法は、粉末を型内に入れて加熱して1気圧（0.1MPa）で焼結する方法で、雰囲気は大気中ですが必要に応じて酸化を防止する際には水素や窒素雰囲気で行われます。安価で複雑形状に成形することが可能ですが、寸法精度が悪く低強度という短所があります。

　加圧焼結法（ホットプレス）は、粉末を型内に入れて一方向（上下）に圧縮しながら加熱・焼結する方法です。圧力は通常10〜30MPaが負荷されます。緻密性が高く品質の良い製品を作ることができますが、寸法形状に制約があり生産性が低いという短所があります。熱間静水圧加圧焼結法（HIP）は、粉末をカプセルの中に入れて不活性ガス（例えばアルゴンなど）によって100〜200MPaの高い圧力を等方的に負荷して高温で焼結させる方法であり、ホットプレスの欠点を補う焼結法として開発されました。圧力が高いため製品内部の欠陥を少なくして均一な材料にすることができますが、設備が高価という短所があります。

- 常圧焼結法　………　大気圧（0.1MPa）

- 加圧焼結法　………　10〜30MPa
（ホットプレス）　　一方向で加圧
　　　　　　　　　　（上下）

- 熱間静水圧加圧焼結法（HIP）
　………　100〜200MPa
　　　　　不活性ガスで等方的に加圧

● **セラミックス製品の製造方法** ●

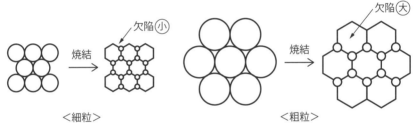

● **粉末原料の大きさと欠陥寸法** ●

ポイント3 ☞ **品質の良いセラミックス製品を作るためには？**

　粉末の表面積を足し合わせると膨大な値になります。この表面エネルギーが焼結の駆動力になります。粉末を高温状態にして圧力をかけると粉末同士の表面が結合します。減った表面エネルギーは結合に使われます。細かくて均一な形状の粉末は、表面積の総和が大きく表面エネルギーが高いために結合反応が容易に進行します。圧力によるエネルギーも結合反応を促進します。また、粉末粒子が細かいほど欠陥が小さくなります。品質の良いセラミックス製品を作るためには、原料である粉末製造から加圧・焼結工程まできちんとコントロールすることが重要です。

3-10 高分子材料①（熱可塑性樹脂）
溶かす／固める：射出成形、押出し成形、ブロー成形

ポイント1☞ 熱可塑性樹脂の成形法は？

高分子材料の成形では溶かして固める方法が主流ですが、熱可塑性樹脂では射出成形、押出し成形、ブロー成形、熱硬化性樹脂では圧縮成形とトランスファー成形を用います。

ポイント2☞ 射出成形とは？

熱可塑性樹脂の成形において最も重要な成形方法は射出成形です。まず、「ペレット」と呼ばれる粒状の素材をホッパーから投入します。ペレットはシリンダー内のスクリューの回転で前方に送られてヒーターで加熱されて溶融します。熱可塑性樹脂の代表的な成形温度は150〜300度（1.3〜1.6Tg）です。溶融樹脂はスクリューの前方に必要な量だけ貯められた後に圧力を加えられて金型内に射出・充填されます。この過程は注射器でシリンダーを押しながら薬品を体内に投入する作業と似ています。

金型内に充填された樹脂は冷却され凝固して製品になります。樹脂が凝固する際には、製品だけではなく製品までの樹脂の通り道も固まります。これを「ランナー」と、溶融樹脂が製品に流れ込む門の部分を「ゲート」とそれぞれ呼びます。プラモデルを組み立てる前にはそれぞれの部品が細い枠でつながっています。この枠がランナーであり、部品近傍にはゲートがあります。一般の製品では、ランナーとゲートは切り離されていますが、必ず表面に跡が残っています。

射出成形では射出側の圧力は200MPa、金型内の圧力は20〜50MPaです。1気圧が約0.1MPaですから、成形機や金型には非常に大きな圧力がかかります。したがって、プラスチック製品を射出成形で製造するためには大きな成形機と高剛性かつ高強度である頑丈な金型が必要になります。射出成形では、精度の高い製品を大量に生産することができますが、高価な設備（成形機と金型）が必要ですので、少量生産では採算が取れません。

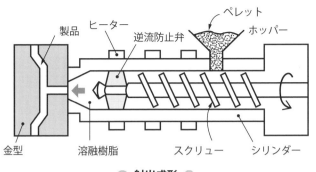

● **射出成形** ●

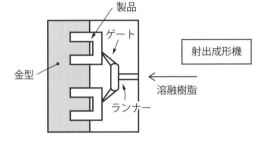

● **射出成形品におけるランナーとゲート** ●

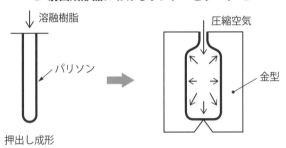

● **ブロー成形** ●

出典：「トコトンやさしいプラスチック材料の本」高野菊雄、日刊工業新聞社（2015）
「トコトンやさしいプラスチック成形の本」横田明、日刊工業新聞社（2014）

ポイント3 🖙 押出し成形、ブロー成形とは？

　押出し成形は、溶融樹脂を決まった形状の金型を通して押し出して冷却することで様々な断面形状の板や管（パイプ）をつくる方法です。1mm以下の厚みのシートやフィルムを作ることも可能であり、主に長尺の成形品を作る際に使われます。ブロー成形は押出し成形によって「パリソン」と呼ばれる円筒状の溶融体を作って、その中に圧縮空気を吹き込んで瓶を製造する成形法です。主にペットボトルの製造に使われています。

3-11 溶かす／固める：圧縮成形、トランスファー成形

ポイント1☞ 熱硬化性樹脂の成形法は？

　熱硬化性樹脂における圧縮成形、トランスファー成形では、金型を加熱して型内で架橋反応を促進しながら硬化させます。素材は、低分子量の「プレポリマー」と硬化剤、充填剤、添加剤、着色剤などを混ぜた粘土状、もしくは液体状の材料です。

ポイント2☞ 圧縮成形とは？

　圧縮成形では、これを金型の中で圧縮して、約200度で加熱しながら固めていきます。金型の中で硬化（架橋反応）が終了したら、金型を開いて成形品を取り出します。素材の分量が少なければ製品形状は不完全になり、分量が多ければ材料が余ってバリが出ます。熱硬化性樹脂は粘度が低くバリが出やすいためにバリ取りの後処理が必要になります。

　圧縮成形では、必要な素材の量を正しく計量することが重要です。圧縮成形は素材を型に入れて加熱して固めることから、たい焼きやワッフルを作る工程に似ています。この方法は、フェノール樹脂（PF）や不飽和ポリエステル樹脂（UP）の成形で使われます。比較的安価な設備で高精度の製品を作ることができますが、時間がかかるため生産性はよくありません。

ポイント3☞ トランスファー成形とは？

　トランスファー成形は、半導体のエポキシ樹脂（EP）封止で広く採用されており、ポットで予熱された素材をプランジャーで押して金型へ輸送して（トランスファー）、充填、硬化する方法です。熱可塑性樹脂で用いられる射出成形に似ています。閉じた金型内に樹脂を送り込むのでバリが出にくく、効率的な成形法ですが、押し込むために高い圧力が必要なので、高価な設備が必要です。また、ポットに残った樹脂は硬化反応が進んでいるために再利用することができないため、歩留まりが悪いという短所があります。

　熱硬化性樹脂の射出成形も行われています。熱可塑性樹脂と同様にシリンダー内でスクリューを用いて樹脂を運ぶのですが、シリンダー内に樹脂が停留して硬化しないように逆流防止弁などは使われず、硬化反応が進行しないよう

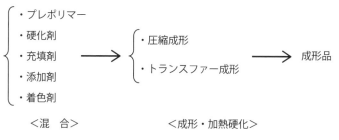

<混　合>　　　　　　<成形・加熱硬化>

● **熱硬化性樹脂の成形プロセス** ●

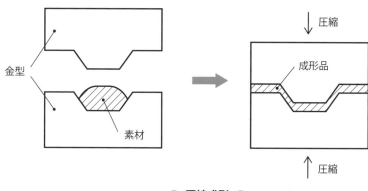

● **圧縮成形** ●

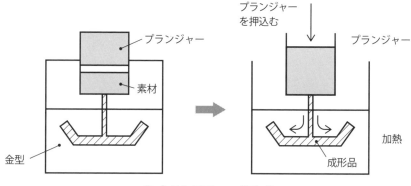

● **トランスファー成形** ●

出典：「トコトンやさしいプラスチック材料の本」高野菊雄、日刊工業新聞社（2015）
「トコトンやさしいプラスチック成形の本」横田明、日刊工業新聞社（2014）

に100度程度の低い温度に設定されます。型内に射出された樹脂は、高温に加熱された金型内で硬化して製品形状に凝固します。

3-12 高分子材料③ 複合材料の成形法

ポイント1 ☞ 中間材料とは？

　複合材料、特に繊維強化プラスチック（FRP）では、基材である樹脂に強化材であるガラス繊維や炭素繊維を複合化させます。熱可塑性樹脂や熱硬化性樹脂に繊維を混入させたペレットを使って射出成形によって製品を作ることは可能ですが、製品内の繊維長はペレットの大きさに依存しており、数mmと短い寸法になります。強化材の効果を最大限に引き出すためには、長繊維を織物状に編んだものに樹脂を含浸させた「中間材料」を作った後に、様々な方法で成形します。

ポイント2 ☞ 熱可塑性樹脂を用いたFRPの成形法は？

　熱可塑性樹脂を繊維織物に含浸させてシート状にした中間材料を「スタンパブルシート」と呼びます。このシートを加熱して軟化させた後に、金型でプレス加工を行って形状を作ることができます。変形したスタンパブルシートは金型内で冷却されて、製品形状に凍結されます。金属と同様のプレス加工であり成形時間が短くハイサイクル成形が可能ですが、製品の品質が素材であるスタンパブルシートに依存します。また、樹脂内の繊維は基本的に変形しないため、金属に比べて成形性が低く製品形状が限定されるという短所があります。

ポイント3 ☞ 熱硬化性樹脂を用いたFRPの成形法は？

　熱硬化性樹脂を繊維織物に含浸させたものを「プリプレグ」と呼びます。成形治具にプリプレグを積層して、その上にフィルムをかぶせて真空状態の釜の中で加熱してから、ガスによって加圧して成形する方法が「オートクレーブ法」です。この方法は航空機の構造部材の製造で用いられています。

　「レジントランスファーモールディング法：Resin Transfer Molding, RTM」は、金型内に強化材を置いて、注入口から液体の樹脂を高い圧力（0.3〜0.8MPa）で注入した後に金型を加熱して樹脂を硬化させて成形する方法です。

　オートクレーブ法は工程が複雑ですが、RTM法は工程が簡便で自動化に適しています。この方法は自動車の外板（例えばフードやルーフなど）の製造で用いられています。

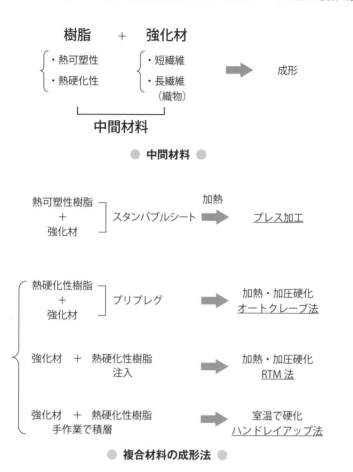

● 中間材料 ●

● 複合材料の成形法 ●

　「ハンドレイアップ法」は、強化材にローラーや刷毛を使って手作業で樹脂を含浸させながら所定の形状と肉厚に積層して製品形状を作る方法です。最初のFRP成形はこの方法で行われました。多品種少量生産に適しており、小型から大型まで様々な形状の製品を作ることが可能ですが、大量生産に向いていないことや品質が作業者の技能に依存するなどの短所があります。

第3章のまとめ

●加工方法の全体像

・金属：原料（鉱石）⇒ 製錬（還元、精錬）⇒ 素材（鋳片）

  素材（スラブ、ブルーム、ビレット）

      ⇒ 一次加工（圧延、押出し、引抜き）⇒ 素形材

      ⇒ 二次加工（切削・研削、塑性加工）⇒ 製品

  素材 ⇒ 鋳造 ⇒ 製品

・セラミックス：素材（粉末）⇒ 加圧・焼結 ⇒ 製品

・熱可塑性樹脂：素材 ⇒ 射出成形、押出し成形、ブロー成形 ⇒ 製品

・熱硬化性樹脂：素材 ⇒ 圧縮成形、トランスファー成形 ⇒製品

●材料に共通する加工方法

・溶かす／固める（熱エネルギーの利用）

  金属：鋳造、高分子材料：射出成形、押出し成形、ブロー成形、圧縮成形、トランスファー成形、セラミックス：焼結

・削る（材料の除去）　金属：切削加工、研削加工

・変形させる（塑性変形の利用）　金属：鍛造、プレス加工

●鋳造：砂型、金型（重力鋳造、低圧鋳造、ダイカスト）

●切削加工、研削加工：工具（刃物、砥石）で材料を破壊して削る

●鍛造：ブロック素材を圧縮荷重によって成形

  自由鍛造と型鍛造、熱間鍛造と冷間鍛造

●プレス加工：板材を引張荷重によって成形

  せん断加工、曲げ加工、深絞り加工、張出し加工、フォーム成形

●焼結：粉末を加圧・焼結によって製品形状に成形

  常圧焼結法、加圧焼結法（ホットプレス）、熱間静水圧加圧焼結法（HIP）

●射出成形、押出し成形、ブロー成形：熱可塑性樹脂に適用

●圧縮成形、トランスファー成形：熱硬化性樹脂に適用

●複合材料の成形法：プレス加工、オートクレーブ法、RTM法、ハンドレイアップ法

鉄鋼の熱処理と表面処理

4-1 熱処理の目的と全体像を理解しよう

ポイント1 ☞ 鉄鋼における生まれと育ちとは？

　鉄鋼は世の中で最も使用されている材料ですが、他の金属に比べて非常に特異な性質を持っています。鉄鋼の性質は人間と同じで「生まれ」と「育ち」で決まります。生まれが「添加元素（特に炭素）」、育ちが「熱処理」に相当します。炭素量と熱処理によって鉄鋼の特性を自由自在に変えることができます。これが鉄鋼の最大の特徴であり、広く用いられている所以なのです。

ポイント2 ☞ 主要な添加元素は？

　鉄鋼は主要な元素Feに加えて、様々な種類の元素が添加された合金です。主要添加元素は炭素C、ケイ素Si、マンガンMn、リンP、硫黄Sであり、これらを「鋼の5元素」と呼びます。ただし、リンと硫黄は有害元素のため、鉄鋼の製造工程で取り除きます。最も重要な元素である炭素は鉄鋼の強度と関係しており、炭素量が多いと強度や硬さが増します。また、炭素量は鉄鋼の分類にも関係しており、加工される側である構造用鋼は炭素量が少なくて変形しやすく、加工する側である工具鋼は炭素量が多くて硬いため相手の金属を変形させたり削ったりすることができます。

ポイント3 ☞ 熱処理の全体像は？

　熱処理の全体像を右図に示します。主要な添加元素は炭素であり、この量によって熱処理の方法や鉄鋼の組織、性質が異なります。熱処理は加熱、保持、冷却の3工程から成り立っています。何℃まで加熱して、どのくらいの時間保持して、どのぐらいの速度で冷却するかがポイントとなります。それぞれの条件を決めるために鉄－炭素平衡状態図、等温変態曲線（TTT曲線、Time：時間、Temperature：温度、Transformation：変態）、連続冷却変態曲線（CCT曲線、Continuous：連続、Cooling：冷却、Transformation：変態）を参考にします。

　製造現場における熱処理は、焼入れ、焼戻し、焼なまし、焼ならしの4種類です。鉄鋼の種類や製品の用途によってこれらの熱処理を組み合わせたり、使い分けたりします。場合によっては加工前後で熱処理を行うこともあります。

鉄鋼も人間と同じで「生まれ」と「育ち」で決まります

添加元素
（主に C）　　　**熱処理**

● **鉄鋼は炭素量と熱処理によって特性を自由自在に変化させることが可能** ●

◎添加元素：主に C

◎熱処理の原理
　　① 加熱（鉄-炭素平衡状態図）
　　② 保持（TTT曲線）
　　③ 冷却（CCT曲線）

◎熱処理の種類
　　・焼入れ
　　・焼戻し
　　・焼なまし
　　・焼ならし

◎組織（変態）
　　・オーステナイト
　　・フェライト
　　・セメンタイト
　　・パーライト
　　・マルテンサイト
　　・ベイナイト
◎粒径
◎残留応力除去

機械的性質の調整
（強度・硬さ、伸びなど）

● **熱処理の全体像** ●

熱処理によって鉄鋼の組織は変わっていきます。これを「変態」または「相変態」と呼びます。

　熱処理の目的は変態によって組織を制御して、強度・硬さや伸びなどの機械的性質を調整することです。結晶粒径の調整や加工で生じた残留応力を除去する場合もあります。熱処理はものづくりにおいて必須の技術です。

鉄－炭素平衡状態図①
状態図からわかること

ポイント1 ☞ 状態図における各領域の組織とフェライト、オーステナイト、セメンタイトとは？

　鉄－炭素平衡状態図は、鉄鋼の熱処理において最も重要な線図ですので、この図から読み取ることができる情報について詳しく解説します。縦軸は温度、横軸は含まれている炭素の量を示しています。状態図の中にはたくさんの線で区切られた領域があります。それぞれの領域において相や組織が異なります。

　一番上の線を越えた領域では、鉄鋼が溶けた状態でありLiquid（液相）です。a鉄は「フェライト」、γ鉄は「オーステナイト」、Fe_3Cは「セメンタイト」と呼ばれます。炭素を全く含まない純鉄について考えてみましょう。炭素量が0の線において温度を上げていきます。純鉄は室温ではa鉄（フェライト）ですが、911℃を越えるとγ鉄（オーステナイト）に変態します。フェライトの原子構造はBCC構造ですが、オーステナイトはFCC構造ですので、変態するときに原子構造が変わります。さらに温度を上げていくと1392℃で再び変態が起こり、δ鉄（フェライト）に戻ります。a鉄もδ鉄も同じフェライトですが、変態する温度域が異なるので区別して表記しています。そして、1536℃で純鉄は溶けて液相になります。この温度が純鉄の融点です。一番上の線をたどっていくと、炭素量が増えれば融点は下がっていくことがわかります。

　炭素量が1.5％の鉄鋼を1600℃まで加熱して冷却していくと組織はどのように変わっていくでしょうか。まず、溶けた鉄鋼から固相であるオーステナイトが析出してその量を増やしていき、その後、完全に固体となったオーステナイトになります。さらに温度を下げると、オーステナイトからセメンタイトが析出して、727℃より低い温度になるとオーステナイトがパーライト（フェライトとセメンタイトの混合組織）に変態します。最初に析出したセメンタイトはそのまま残るので、室温ではフェライトとセメンタイトの複合組織になります。

ポイント2 ☞ 固溶限とは？

　状態図から固体の鉄の中に炭素がどれだけ溶け込めるかわかります。これを「固溶限」と呼びます。オーステナイトの最大固溶限が2.14％であることに対して、フェライトはたったの0.02％です。セメンタイトは鉄と炭素の化合物

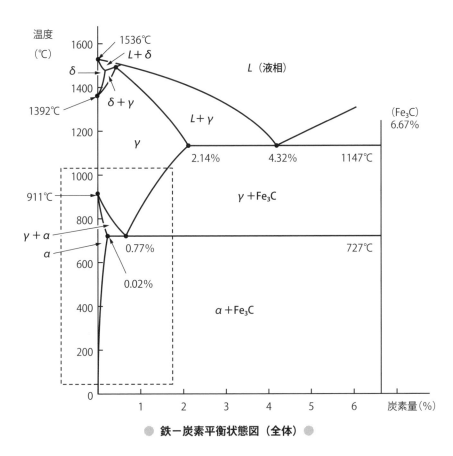

● 鉄－炭素平衡状態図（全体）●

（炭化物）であり、炭素を6.67％含んでいます。このような固溶限の相違はそれぞれの領域における組織の違いと深く関わっています。

　鉄鋼は炭素量によって呼び名が区別されており、0.02％以下を「鉄」、0.02～2.14％を「鋼」、2.14％以上を「鋳鉄」と呼びます。構造用鋼や工具鋼の炭素量は2.14％以下なので、点線で囲まれた領域が熱処理において特に重要な領域です。

鉄−炭素平衡状態図②
構造用鋼と工具鋼では組織が違う!

ポイント1 ☞ 共析鋼、亜共析鋼、過共析鋼とは?

　前節で示した状態図を拡大して、構造用鋼と工具鋼の組織変化を説明します。炭素量0.77%の鋼を「共析鋼」、0.77%以下の鋼を「亜共析鋼」、0.77%以上の鋼を「過共析鋼」と呼びます。亜共析鋼は加工される側の構造用鋼、過共析鋼は加工する側の工具鋼と考えてください。どちらの鋼も温度が高い領域ではオーステナイト単相です。温度を下げていくと亜共析鋼ではA_3線より下の領域でフェライトが析出して（$\gamma + \alpha$）、過共析鋼ではAcm線より下の領域でセメンタイトが析出して（$\gamma + Fe_3C$）の複合組織になります。さらに温度を下げてA_1線以下では、オーステナイトがパーライトに変態します。室温では、亜共析鋼はパーライトとフェライト、過共析鋼はパーライトとセメンタイトの複合組織になります。パーライトはフェライトとセメンタイトが層状に配置した複合組織なので亜共析鋼と過共析鋼の組織は同様に（$\alpha + Fe_3C$）と表示されます。

ポイント2 ☞ それぞれの鋼の冷却時の組織変化と組織の比率の計算方法は?

　亜共析鋼において、高温から室温に温度を下げて冷却すると、最初はオーステナイト単相（100%）です。A_3線以下（温度t_1以下）になると、オーステナイトの中にフェライトが析出します。これを「初析フェライト」と呼びます。さらに温度を下げると（温度t_2）フェライトの割合が増えます。オーステナイトとフェライトの比率は（ABの長さ）:（BCの長さ）で表されます。A_3線（温度t_3）におけるオーステナイトとフェライトの比率は（DEの長さ）:（EFの長さ）になります。A_3線以下ではオーステナイトがパーライトに変態します。ここでオーステナイトとフェライトの炭素固溶限について思い出してください。フェライトはオーステナイトに比べて非常に少ない量でしか炭素を固溶することができません。オーステナイトからパーライトへの変態において、フェライトが固溶できない分の炭素をセメンタイトで補っているのです。

　過共析鋼では炭素量が多いために、Acm線以下（温度t_1以下）になるとオーステナイトの中に初析セメンタイトが析出します。温度を下げていくとセメンタイトの量は増えていきます。A_3線（温度t_2）で、亜共析鋼と同様にオーステナイトがパーライトに変態します。

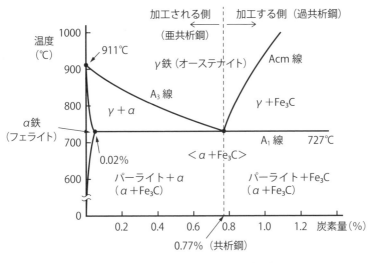

● **鉄－炭素平衡状態図（拡大図）** ●

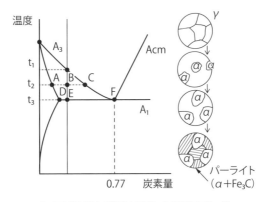

● **亜共析鋼（構造用鋼）の組織変化** ●

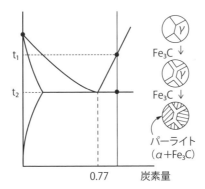

● **過共析鋼（工具鋼）の組織変化** ●

4-4 CCT曲線とTTT曲線って何だろう?

ポイント1 🖝 **冷却速度と組織変化の関係は?**

　連続冷却変態曲線（CCT曲線）と等温変態曲線（TTT曲線）は、熱処理によって組織を変化させて、最適な特性を得るために必要不可欠なデータです。前節において鋼を高温から室温まで冷却したときの組織変化について説明しましたが、炭素量だけではなく冷却速度によっても組織は変わります。CCT曲線において、縦軸は温度、横軸は時間（対数目盛）を示しています。この図から、A_1線以上でオーステナイトであった組織が、冷却時間（速度）によってどのような組織に変化するかを読み取ることができます。Psはパーライト変態の開始（start）、Pfはパーライト変態の終了（finish）、Msはマルテンサイト変態の開始を、それぞれ表しています。冷却速度が遅い曲線①では、Ps線とPf線を通過するのでオーステナイトはすべてパーライトに変態します。前節で述べた組織変化は冷却速度が遅い曲線①の場合です。冷却速度が速いと微細な組織のパーライト、遅いと粗い組織のパーライトになります。曲線②はオーステナイトがすべてパーライトになる限界の冷却速度を示しています。これよりも速度の速い曲線③ではMs線を通過するので、微細なパーライト（ベイナイト）にマルテンサイトが混在した組織になります。さらに冷却速度を早くすると（曲線④⑤）、マルテンサイトの単相組織になります。曲線④はオーステナイトがすべてマルテンサイトになる限界の冷却速度を示しています。

ポイント2 🖝 **マルテンサイトとは?**

　鋼は室温では炭素をほとんど含まないフェライトとセメンタイトの混合組織です。一方、オーステナイトから急冷すると原子が拡散する時間がない状態で、炭素を固溶した鉄の原子構造がFCCからBCC構造に変わります。フェライトの中に本来固溶できない量の炭素が無理やり押し込められた状態になります。この組織が非常に硬い「マルテンサイト」であり、体積は膨張します。早く冷やすことで強度の高い鋼を作ることができます。

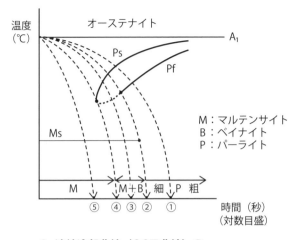

温度（℃）

オーステナイト

Ps

Pf

A₁

M：マルテンサイト
B：ベイナイト
P：パーライト

Ms

M　　M＋B　細　P　粗
⑤　　④③　②　　①

時間（秒）
（対数目盛）

● **連続冷却曲線（CCT曲線）** ●

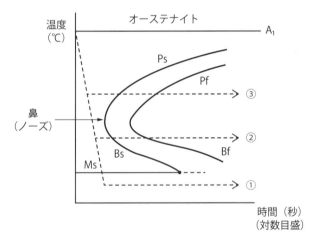

温度（℃）

オーステナイト

Ps

Pf

A₁

鼻（ノーズ）

Bs

Bf

Ms

③

②

①

時間（秒）
（対数目盛）

● **等温変態曲線（TTT曲線）** ●

1 機械材料を分類してみよう

2 機械材料のマクロ特性はミクロ構造で決まる！

3 材料の加工方法はたったの３種類だ！

4 鉄鋼の熱処理と表面処理

5 接合技術

ポイント3 ☞ 等温変態とは？

　オーステナイト領域からA₁線以下の温度まで冷却して等温保持すると変態によって組織が変化します。これを「等温変態」といいます。どのような組織になるかはTTT線図からわかります。高温側から短時間側に膨らんでいる部分を「ノーズ：鼻」といい550℃付近に存在します。オーステナイト領域からMs線以下まで急冷した場合（曲線①）では組織変化は生じませんが、曲線②ではベイナイト変態、曲線③ではパーライト変態がそれぞれ起こります。曲線②は「オーステンパ処理」と呼ばれ、ばねの熱処理として利用されています。

4-5

実際の熱処理①
焼入れと焼戻し

ポイント1 ☞ 熱処理において重要なポイントは？

　製造現場で行われている熱処理は4種類です。これらの処理を組み合わせて、鉄鋼製品を使用目的に適した機械的性質になるように調整します。どの熱処理も加熱、保持、冷却というプロセスですが、重要なポイントは加熱温度と冷却速度になります。

ポイント2 ☞ 焼入れの目的と方法は？

　「焼入れ」の目的は、素材を硬くして製品の強度や耐摩耗性、耐疲労性を向上させることです。工具鋼では、炭化物を基材に十分に固溶させるという目的もあります。製品をオーステナイト領域まで加熱して一定時間保持した後に急冷します。オーステナイトを急冷するとマルテンサイトに変態して硬くなります。冷却材は水を使う場合（水冷）と油を使う場合（油冷）があります。水冷は冷却速度が大きいのですが、製品が熱ひずみによって割れる場合（焼割れ）があります。その際には水よりも冷却速度が遅い油冷を行います。構造用鋼と工具鋼で加熱温度は異なります。構造用鋼ではA_3線より30～50℃高い温度、工具鋼ではA_1線より30～50℃高い温度まで、それぞれ加熱します。一般に、炭素量が0.3％以上であれば焼入れが可能です。

　焼入れにおいて重要な点は、製品の表面だけではなく内部までの全体が硬くなっていなければならないということです。一般に熱処理では加熱炉を用いますが、肉厚が大きいブロック状の製品では表面から内部まで均一に加熱されるまで時間がかかります。加熱時間の基準は製品全体が必要な温度に達するまでですが、製品形状や材質によって異なります。製品の大きさは冷却速度にも影響を及ぼします。冷却は表面から始まり、内部まで冷えるためには時間がかかります。したがって大きな部品では表面と内部で冷却速度が異なり、速度の遅い内部はマルテンサイトにならず焼きが入らない場合があります。その場合は、焼きが入りやすい元素（マンガン Mn、クロム Cr、モリブデン Mo）が添加された合金鋼を用います。

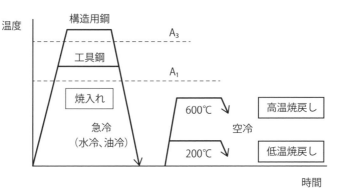

● **焼入れと焼戻し（調質）** ●

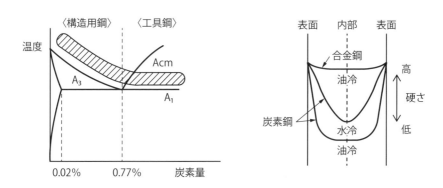

● **焼入れ温度** ●　　　　　　● **製品の断面硬さ分布** ●

1
機械材料を
分類して
みよう

2
機械材料のマクロ特性は
ミクロ構造で決まる！

3
材料の加工方法は
たったの3種類だ！

4
鉄鋼の熱処理と
表面処理

5
接合技術

ポイント3 ☞ 焼戻しの目的と方法は？

　焼入れ後の組織はマルテンサイトであり、硬いのですが脆いという欠点があります。「焼戻し」の目的は、素材に靭性（ねばり）を与えることです。焼入れと焼戻しを合わせて「調質」と呼びます。最終製品の機械的性質は焼戻しによって調整されます。加熱温度は製品の目的によって600℃程度の「高温焼戻し」と200℃程度の「低温焼戻し」の2種類に分かれます。高い温度に加熱すると硬さは低下しますが靭性は増すので、靭性を重視した構造用鋼では高温焼戻しを行います。一方、硬さを重視した工具鋼では低温焼戻しを行います。焼戻しによってマルテンサイト中に過飽和に溶け込んでいる炭素が炭化物として析出します。焼戻し温度が高いと、基材がフェライトに変化していきます。

　高温焼戻し、低温焼戻しのどちら場合でも組織は「焼戻マルテンサイト」と呼ばれます。

4-6 実際の熱処理②
焼なましと焼ならし

ポイント1 ☞ 焼なましと焼ならしの目的は？

　焼入れと焼戻しの目的は鋼材を硬くすることと靭性を与えることでした。「焼なまし」と「焼ならし」の目的は組織を均一にしてひずみを取り除くことです。市販されている鋼材はほとんどが焼なまし材です。鉄鋼の製造工程を思い出してください。塊状のスラブを圧延という一次加工によって板やパイプに成形していきます。塑性加工によって結晶は大きく変形して内部にはひずみや応力が残留します。焼なましや焼ならしによって結晶の大きさを一定にそろえて内部ひずみを除去します。

ポイント2 ☞ 焼なましの種類と方法は？

　焼なましは「完全焼なまし」、「低温焼なまし」、「球状化焼なまし」の3種類があります。完全焼なましでは、A_3線より30〜50℃高い温度で保持した後に炉の中で冷却（炉冷：徐冷）します。冷間加工した鋼材は加工硬化によって、それ以上の加工が困難であったり、切削性が悪くなったりします。このような鋼材を軟化させて、再結晶によって均一な組織にするために完全焼なましを行います。

　低温焼なましでは、再結晶温度（約550℃）以上に加熱して保持した後に炉冷します。鋳造によって粗大化した組織や塑性加工によってひずんだ組織が均一な組織になって、内部ひずみや残留応力が除去されます。

　球状化焼なましは主に工具鋼に適用されており、その目的は加工性と靭性を向上させることです。工具鋼（過共析鋼）を高温に加熱してゆっくり冷却するとパーライトとセメンタイトの複合組織になります。パーライトではフェライトとセメンタイトが層状に配置されているのですが、この層状セメンタイトによって切削性が悪くなったり脆くなったりします。球状化焼なましでは、A_1線直下の700℃付近の温度で保持した後に炉冷します。この処理によって層状のセメンタイトが球状に形態を変えて分布するようになり、加工性が向上します。工具鋼だけではなく冷間鍛造の素材などの構造用鋼に適用される場合もあります。

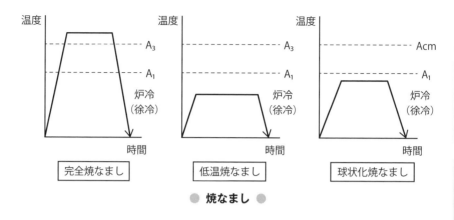

● 焼なまし ●

完全焼なまし　　低温焼なまし　　球状化焼なまし

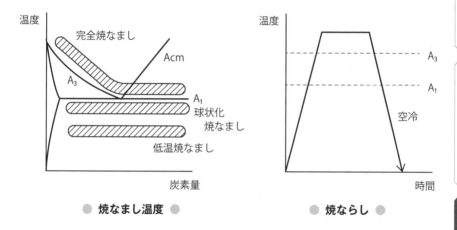

● 焼なまし温度 ●　　　　● 焼ならし ●

ポイント3 ☞ 焼ならしはどのような製品に適用されるのか？

　焼ならしの目的は、鋳造や熱間鍛造などで加工された大型製品の組織の均一
化と機械的性質の改善です。大きな部品は焼入れによって内部まで固くするこ
とが困難なので、焼ならしが適用されます。焼ならしでは、A_3 線および Acm
線よりも上のオーステナイト領域まで加熱して空冷します。空冷は炉冷よりも
冷却速度が速いので、組織は微細なパーライトになり、炉冷の焼なまし材より
も硬くなります。

4-7

表面処理①
化学成分を変えない方法
（表面焼入れ、ショットピーニング）

ポイント1 ☞ **表面処理の目的と分類は？**

　工業製品を使用する際に、損傷が大きい箇所は製品の表面です。例えば歯車の接触面は常に摺動荷重を受けており、材料同士がこすれ合うことで摩耗していきます。金属疲労によるき裂も表面で発生しますし、大気や雨水にさらされると表面でさびなどの腐食が進行します。表面を守ることは、製品の信頼性や寿命向上において非常に重要です。また、内部は安価で軟らかい材料を使って、表面だけ硬くすればコストダウンにもつながります。「表面処理」は表面を硬くして耐摩耗性、耐疲労性、耐食性などを向上させる技術です。いろいろな方法があるのですが、大別して表面の化学成分を変えない処理と化学成分を変える処理があります。

ポイント2 ☞ **表面焼入れの方法は？（高周波誘導加熱とは？）**

　化学成分を変えない表面処理として「表面焼入れ」と「ショットピーニング」があります。表面焼入れでは、鋼材の表面だけを高温に加熱して急冷し、マルテンサイトに変態させて硬くします。また、マルテンサイトは体積が膨張するので、表面に圧縮残留応力が付加されます。表面が硬くなることによって耐摩耗性が、圧縮残留応力によって耐疲労性が向上します。

　表面焼入れには「高周波誘導加熱」が用いられています。電気を通す材料（例えば鋼材）の周りにコイルを配置して交流による交番電流を流すと、鋼材に磁束が生じて表面近傍に誘導電流（渦電流）が流れます。渦電流が抵抗のある鋼材の中を流れるとジュール熱によって表面が加熱されます。通常は1〜500Hzの周波数の電流が用いられていますが、周波数が大きいほど電流は表層だけに流れます。周波数を低くすると内部まで電流が流れるようになるので周波数によって焼入れ深さを調整します。非常に便利な手法ですが、製品形状に合わせたコイルの作製が必要になります。

ポイント3 ☞ **ショットピーニングの方法は？**

　ショットピーニングは、鋼材の表面にショット材と呼ばれる0.4〜1.2mm程度の硬質な小球を投射装置によって噴射させ、表面に高速で衝突させる方法で

①化学成分を変えない

　・表面焼入れ　⇒　表面だけ焼入れ（マルテンサイト）

　・ショットピーニング　⇒　小球をぶつけて加工硬化

②化学成分を変える

　・浸炭法　⇒　表面から炭素を浸透

　・窒化法　⇒　表面から窒素を浸透

　・コーティング　⇒　表面に硬質皮膜を被覆

● **表面処理の分類** ●

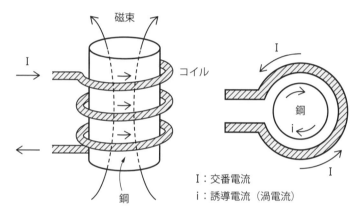

Ｉ：交番電流
ｉ：誘導電流（渦電流）

● **高周波誘導加熱の原理** ●

出典：「トコトンやさしい熱処理の本」坂本卓、日刊工業新聞社（2005）P109

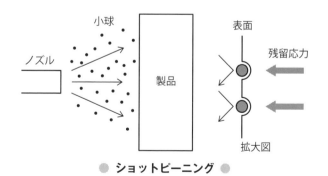

● **ショットピーニング** ●

す。処理後の表面には粗さが残りますが、表層部が加工硬化によって硬くな
り、高い圧縮残留応力が付加されます。特にバネの製造において不可欠であ
り、熱処理後の表面仕上げで使われています。

4-8

表面処理②
化学組成を変える方法
（浸炭、窒化）

ポイント1 ☞ 浸炭の目的と方法と適した鋼種は？

　「浸炭」は、焼入れしても硬さが上昇しない低炭素鋼において表面から炭素を浸透させて、表面近傍の炭素濃度を高めてから焼入れする方法です。表面に硬い層を作り、内部は低炭素で硬さが低く、比較的靭性の高い組織を得ることができます。表面が硬くなるので耐磨耗性や耐疲労性が向上します。歯車やベアリング、パチンコの玉まで広く適用されています。

　基材は炭素量が低い（0.2%以下）の「肌焼鋼」が選ばれます。代表的な肌焼鋼として、S15CK（炭素鋼）、SCM415（低炭素クロム・モリブデン鋼）などがあります。肌焼鋼を900～950℃に加熱して組織をオーステナイトにします。オーステナイトは炭素の固溶限が大きいので多くの炭素を浸透させることができます。現在ではガス雰囲気における「ガス浸炭」が主流です。プロパンガス、ブタンガスと空気を混合させてニッケル触媒中で1050℃に加熱して作成した「変成ガス（キャリアガス）」はCOを含んでいます。このCOと鉄Feが反応して鋼材に炭素が浸透します。これだけでは炭素濃度が低いので、プロパンやブタンを「エンリッチガス」として炉の中に追加します。表面の炭素量は共析鋼と同様に0.8%になります。A_1線直上の温度（約800℃）まで冷却した後に油焼入れ、その後、低温焼戻しを行います。

ポイント2 ☞ 窒化の目的と方法と適した鋼種は？

　「窒化」は、アンモニアガス（NH_3）中で鋼材を加熱して、窒素原子Nを鋼中に浸透させて硬い窒化物を形成することによって表面近傍を硬化する方法です。浸炭のように表面の組織がマルテンサイト変態して硬くなる場合とは異なります。NはアルミニウムAl、クロムCr、モリブデンMoと結合しやすく、これらの窒化物は鉄窒化物に比べて非常に硬い化合物です。窒化用鋼SACM645はこれらの元素をすべて含んでいます。窒化における加熱温度は500～550℃であり、浸炭に比べて低い温度のため製品のひずみが小さいという利点があります。

　一方で、窒素の鋼材への浸透速度は遅く、処理には50～100時間かかります。窒化処理後には、鋼材の最表面に薄い化合物層、その下の拡散層には硬い

1　機械材料を分類してみよう

2　機械材料のマクロ特性はミクロ構造で決まる！

3　材料の加工方法はたったの3種類だ！

4　鉄鋼の熱処理と表面処理

5　接合技術

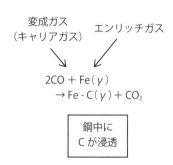

変成ガス（キャリアガス）　エンリッチガス

$$2CO + Fe(\gamma)$$
$$\rightarrow Fe\text{-}C(\gamma) + CO_2$$

鋼中に
Cが浸透

● **ガス浸炭のメカニズム** ●

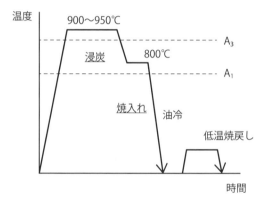

● **浸炭処理の工程** ●

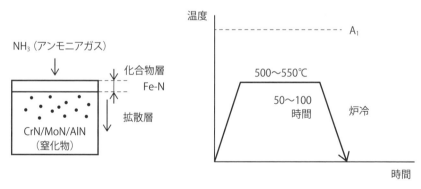

● **窒化のメカニズム** ●　● **窒化処理の工程** ●

窒化物が分布しています。浸炭に比べて硬化層の深さは浅い（約0.2mm、浸炭は約0.5mm）のですが、表面の硬さは浸炭よりも高くなります。

表面処理③
表面を硬い皮膜で覆う
（コーティング）

ポイント1 ☞ コーティング技術とは？

　「コーティング」は、これまでに述べてきた表面焼入れ、ショットピーニング、浸炭、窒化とは全く異なる表面処理であり、基材である鋼に全く影響を与えずに表面に非常に硬い化合物（硬質皮膜）を形成して覆うことで耐摩耗性や耐食性を向上させる方法です。特に、表面に対する負荷が大きい塑性加工の金型や切削工具の表面処理として活用されています。皮膜は炭化物（TiC、VC）や窒化物（TiN、CrN）などのセラミックスであり、基材である工具鋼の3～5倍の硬さを有しています。皮膜の厚さは非常に薄く1～10μm程度ですが、コーティングによって金型や工具の寿命は飛躍的に向上します。

ポイント2 ☞ TRD法の成膜プロセスは？

　鋼の上に全く違う物質であるセラミックスを形成するためには2種類の方法があります。「熱反応析出拡散法：TRD法、Thermo-Reactive Deposition and Diffusion」と「蒸着法」です。TRD法は耐熱鋼でできた容器に無水ホウ酸（$Na_2B_4O_7$）を加えて周りのヒーターで加熱して900～1050℃の溶融塩とし、その中に炭化物形成元素（例えばバナジウムV）を添加します。そこへ金型や工具を浸漬すると、炭化物形成元素と鋼中の炭素Cが反応して表面にVC皮膜が形成されます。鋼材はオーステナイト領域まで加熱されるので、コーティング処理後に焼入れ、焼戻しを行います。

ポイント3 ☞ 蒸着法の成膜プロセスは？

　蒸着法は、セラミックスの基となる物質（ターゲット）を気体状態にして、処理物の表面に原子あるいは分子を堆積させて凝集、成長によって固体の皮膜を形成する方法であり、「物理蒸着法：PVD法、Physical Vapor Deposition」と「化学蒸着法：CVD法、Chemical Vapor Deposition」があります。PVDでは、真空中でターゲットから原子および分子を取り出してイオン化します。処理物とターゲットの間に電圧を印加すると、加速されたイオンが処理物の表面に衝突して堆積することで皮膜を形成します。処理温度は200～600℃です。ターゲットを電子ビームで蒸発させて原子および分子を取り出す方法が「イオ

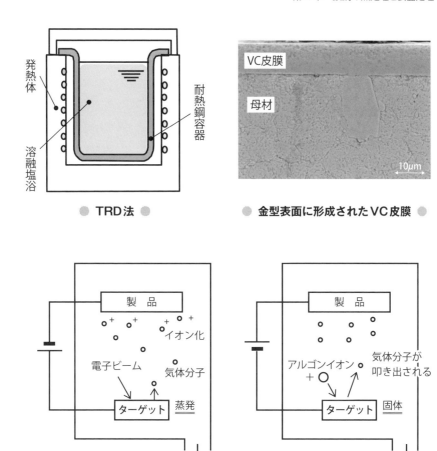

● TRD法 ●

● 金型表面に形成されたVC皮膜 ●

● イオンプレーティング ●

● スパッタリング ●

ンプレーティング」です。ターゲットにアルゴンイオンを衝突させて固体表面から原子および分子を叩き出して取り出す方法が「スパッタリング」です。CVDは皮膜の成分をガスにして処理炉に入れ、約1000℃の高温で化学的反応を利用して皮膜を形成します。

　TRD法やCVD法は処理温度が高いため皮膜の密着性が高いのですが、熱による製品のひずみは大きくなります。一方、処理温度の低いPVD法ではひずみは少ないのですが、高温処理に比べたら皮膜の密着性は劣ります。製品の精度や用途に合わせて両者をうまく使い分けることが重要です。

第4章のまとめ

●**熱処理の基礎**
・鉄鋼の性質は生まれ（添加元素）と育ち（熱処理）で決まる
・主要な添加元素は炭素、ケイ素、マンガン、リン、硫黄
・鉄－炭素平衡状態図　⇒　各領域における組織、固溶限、相変態が重要
　　CCT曲線　⇒　冷却速度によって組織は変わる
　　TTT曲線　⇒　一定の温度に保持したら組織は変わる
●**実際の熱処理**：焼入れ、焼戻し、焼なまし、焼ならし
・焼入れ　⇒　硬くする（マルテンサイト）
　　　　　　　　製品の内部まで焼きが入ることが重要
・焼戻し　⇒　靭性（ねばり）を与える
　　　　　　　　高温焼戻しと低温焼戻し
・焼なまし　⇒　組織を均一化してひずみを取り除く
　　完全焼なまし：軟化、再結晶による組織の均一化
　　低温焼なまし：内部ひずみ、残留応力の除去
　　球状化焼なまし：加工性向上（セメンタイトの球状化）、
　　　　　　　　　　工具鋼に適用
・焼ならし　⇒　大型製品における組織の均一化と機械的性質の改善
●**表面処理**：様々な損傷を受ける製品表面を硬化によって保護する
・化学成分を変えない
　　表面焼入れ　⇒　高周波誘導加熱によって表面だけマルテンサイト変態
　　ショットピーニング　⇒　硬質な小球を衝突させて加工硬化
・化学成分を変える
　　浸炭　⇒　炭素を浸透して表面焼入れ、ガス浸炭が主流
　　窒化　⇒　窒素の浸透で生成する窒化物で硬化
　　　　　　　処理温度が低いのでひずみは少ないが処理時間が長い
・コーティング：表面を硬質皮膜（セラミックス）で被覆
　　　　　　　　処理温度で皮膜の密着性と製品のひずみが異なる
　　TRD法　⇒　溶融塩浴で鋼材の炭素と炭化物形成元素を反応させる
　　PVD法　⇒　ターゲットを気体原子にして、処理物に堆積
　　　　　　　　イオンプレーティング：電子ビームで溶解、蒸発
　　　　　　　　スパッタリング：アルゴンイオンの衝突で叩き出す
　　CVD法　⇒　高温で化学反応を利用して成膜

第5章

接合技術

―せっかく加工できても部品を
つながないと製品にならない―

どうやってつなぐか、なぜ つながるのか
（接合の種類と原理）

　工業製品は様々な部品から成り立っていますが、それらはすべて結合されて一体化して、はじめて製品としての機能を発揮します。部品を加工することができても部品同士をつなぐ（接合する）ことができなければ意味はありません。接合はものづくりにおいて重要な役割を担っています。

ポイント1 ☞ 機械的接合、接着、溶接とは？　溶接の分類は？

　接合は大きく分けて「機械的接合」、「接着」、「溶接」の3種類に分かれます。機械的接合とは、部品同士をボルト・ナットやねじなどの機械要素で圧力を加えて接合する方法です。その他に、穴のある部材に穴径よりも大きい径の部材を押し込む圧入、加熱・冷却による部品の熱膨張・収縮を利用した焼きばめなどがあります。接合面は機械的に接触しているだけであり、摩擦力によって接合しています。接着とは、部品に接着剤という液体を塗布してぬらした後に部品同士をくっ付けて、接着剤の乾燥、固化によって接合する方法です。金属、セラミックス、プラスチックなど様々な素材を、同種または異種同士で接合することが可能です。高分子化学の進歩によって様々な接着剤が開発されています。

　溶接は3種類に分かれており、溶かして固めて接合する「液相接合」、熱と圧力で固体のまま接合する「固相接合」、接合面を母材よりも融点の低い溶融金属でぬらした後に冷却・固化して接合する「液相−固相接合」があります。液相接合ではアーク溶接や抵抗溶接、固相接合では圧接や摩擦攪拌接合（Friction Stir Welding, FSW）、液相−固相接合ではろう付やはんだ付などがあります。

ポイント2 ☞ 原子レベルで接合の原理を見てみる

　接合の原理は、原子レベルのミクロの視点から説明することができます。2つの材料AとBにおいて、それぞれの接合面に存在する原子同士を極限まで近づけると、ひきつけあう力（引力）が作用してAとBは接合されます。ただし、近づける距離は10^{-10}m（オングストローム）のオーダーです。金属の表面を鏡面に研磨しても10^{-6}m程度の凹凸が残っており、この状態では接合はでき

①機械的接合
- ・ボルト／ナット、ねじ
- ・リベット
- ・圧入、焼きばめ

②接着

③溶接
- ・<u>液相（溶かす）</u>
  アーク溶接（MIG、MAG、TIG）
  レーザ、電子ビーム、プラズマ溶接
  抵抗溶接（スポット溶接、シーム溶接）
- ・<u>固相（熱と圧力）</u>
  圧接、超音波接合、FSW
- ・<u>液相－固相（低融点ろう材）</u>
  ろう付、はんだ付

● **接合方法の種類** ●

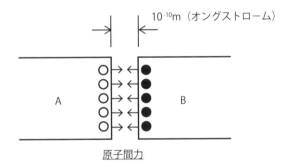

10⁻¹⁰m（オングストローム）

A　　　B

原子間力

2つの材料の原子をお互いに引き合う力が作用する距離まで接近させる

①母材を溶かす　⇒　液相溶接
②母材は固体のまま熱と圧力を利用　⇒　固相溶接
③母材より融点の低い溶融金属を利用
　　⇒　液相－固相溶接

● **接合の原理** ●

ません。接合面を溶かして液体にしたり、固体の間に液体を入れたり、熱と圧力によって固体状態でも原子同士を近づけることで接合することができます。2つの材料の原子をお互いに引き合う力が作用するまで接近させることが重要です。

5-2

機械的接合
部品同士をどうやって締結するのか?

ポイント1 ☞ ボルト・ナット、ねじの接合原理と方法は?

　「ボルト・ナット」や「ねじ」による接合は、接合後にナットやねじを緩めることで部品を簡単に分解して再び組み立てることができるので、便利な接合方法です。ボルトやねじの側面にはらせん状の突起があり、くさび効果によって材料同士を締め付けて接合します。接合したい部品に穴をあけて、ボルトを通して入れます。部品の外側に出たボルトにナットをねじ込み、締め上げることで接合面に圧縮力が生じて締結されます。一方、ボルトには引張の「軸力」が作用して、締め付けを大きくしていくと軸力が大きくなります。

　「リベット」による接合では、接合したい部品に穴をあけてそこにリベットを入れます。工具でリベットの頭と脚の部分を塑性変形させて部品を接合します。接合された部品を分解するときには、リベットを切断しなければなりません。リベット接合は様々な小型部品から建築物、船舶まで広く使われてきましたが、作業性や経済性のため溶接に置き換えられてきました。しかし、航空機の分野では素材である高強度アルミニウム合金の溶接性が悪いため、リベット接合が活用されています。

ポイント2 ☞ 圧入の接合原理と方法は?

　「圧入」は、丸棒などのオス部品をパイプなどの穴の開いたメス部品に押し込むことで接合する方法です。オス部品の直径は、メス部品の内径よりも大きくなっており、オス部品に押込み荷重を負荷してメス部品の穴の中に入れていきます。接触面には弾性的な力のつり合いが作用して、2つの部品は接合されます。圧入部品では引抜き力が重要です、引抜き力は (接触面の摩擦係数)×(締付け力:面圧)×(接触面積) で表されます。

ポイント3 ☞ 焼きばめの接合原理と方法は?

　どのような材料でも物体の温度が変化すると体積が膨張・収縮します。この体積変化を利用した接合方法が「焼きばめ」です。丸棒にリングを接合する場合を考えます。丸棒の直径よりもリングの内径が大きい場合は丸棒にリングを通すことができますが、丸棒とリングを接合することはできません。そこで、

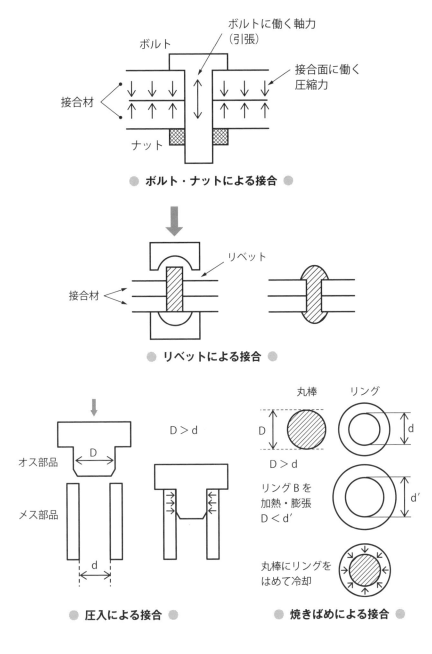

● ボルト・ナットによる接合 ●

● リベットによる接合 ●

● 圧入による接合 ●

● 焼きばめによる接合 ●

内径が丸棒よりも小さいリングを準備します。リングを加熱すると体積が膨張してリングの内径は丸棒の直径よりも大きくなります。その状態でリングを丸棒に入れて冷却すればリングは収縮して丸棒と接合されます。

5-3 接着剤のぬれ性と表面張力が大事だ

ポイント1 ☞ ぬれ性とは？

「接着」は、接着しようとする部材（被着材）の接合面に液体の接着剤を塗って被着材同士をはり合わせて、接着剤が硬化することで接合する方法です。接着において重要な点は、液体の接着剤が固体の被着材表面に十分に広がっていくことです。これを「ぬれ性」と呼びます。ぬれ性は材料の「表面エネルギー」または「表面張力」と密接に関連しています。

ポイント2 ☞ 表面エネルギー、表面張力とは？

どのような材料もミクロレベルで見ると原子・分子から成り立っており、これらが配列、結合することで物質を構成しています。原子同士には引力が働いていますが、表面の原子と内部の原子で状態が異なっています。表面の原子は、外側に引っ張られる力がないので内部に入り込もうとします。これに抵抗して表面を形成しているエネルギーが表面エネルギーです。表面エネルギーの単位は単位面積あたりのエネルギーですが、単位長さあたりの力と同じ次元をもっています。これが表面張力です。表面張力は結合力の大きい金属や固体では大きく、結合力の弱い高分子材料では小さくなります。例えば、表面張力の大きい液体は水銀です。

被着材（固体）の上に、接着剤（液体）を乗せます。固体の表面張力γ_S、液体の表面張力γ_L、界面張力γ_{SL}には力のつり合いから下記の式が成り立ちます。θは「接触角」または「ぬれ角」と呼ばれます。

$$\gamma_S = \gamma_L \cos\theta + \gamma_{SL} \quad \cdots 式①$$

ぬれ性が良い場合はθが小さくなります。$\theta = 0$で下記の式が成り立ちます。

$$\gamma_S = \gamma_L + \gamma_{SL} \quad \cdots 式②$$

被着材の表面に接着剤が十分にぬれるためには接着剤の表面張力が被着材の表面張力よりも小さくなければなりません。

ポイント3 ☞ 接着力を上げるためには？

ここで、接着力について考えてみましょう。接着剤と被着材が接合されている状態（界面張力γ_{SL}）から仕事Wによって両者を切り離します。切り離した

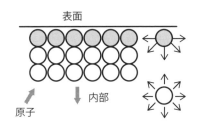

・表面エネルギー / 表面張力の単位

$$mJ/m^2 = mN/m$$
$$(J = N \cdot m)$$

・固体
金属、セラミックス	$1000 \sim 10000$
高分子材料	100

・液体
水銀	476
水	73
エタノール	23

● **表面エネルギー / 表面張力** ●

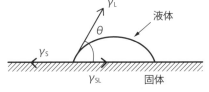

$$\gamma_S = \gamma_L \cos\theta + \gamma_{SL}$$

$$\cos\theta = \frac{\gamma_S - \gamma_{SL}}{\gamma_L}$$

γ_S = 固体の表面張力　　γ_{SL} = 界面張力
γ_L = 液体の表面張力　　θ = 接触角（ぬれ角）

$\theta = 0$ のとき　$\gamma_S = \gamma_L + \gamma_{SL}$

● **固体表面と液体の接触角（ぬれ角）** ●

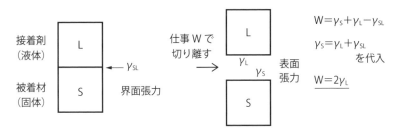

$$W = \gamma_S + \gamma_L - \gamma_{SL}$$

$$\gamma_S = \gamma_L + \gamma_{SL}$$
を代入

$$W = 2\gamma_L$$

● **接着力を上げるためには** ●

出典：「溶接・接合工学概論」佐藤邦彦、理工学社（2011）

後にはそれぞれの表面に表面張力（γ_Sとγ_L）が生じます。仕事Wは下記の式で表されます。

　　　$W = \gamma_S + \gamma_L - \gamma_{SL} \cdots$式③

　式③に式②を代入します。

　　　$W = 2\gamma_L \cdots$式④

　式④より、表面張力の大きい接着剤を使用すれば接着力は強くなります。ただし、式②より接着剤の表面張力は被着材の表面張力を越えることはできません。

1 機械材料を分類してみよう

2 機械材料のマクロ特性はミクロ構造で決まる！

3 材料の加工方法はたったの3種類だ！

4 鉄鋼の熱処理と表面処理

5 接合技術

溶接①
溶かしてつなげる
（アーク溶接）

ポイント1 👉 アークとは？

　融点の高い金属同士を溶かして接合するためには、大きなエネルギーが必要です。溶接の熱源として最も広く使用されているのが「アーク」です。電極を接触させて、電流を流しながら電極をわずかに離すと電極間に放電（アーク）が生じます。コンセントからプラグを抜くときに火花が発生する場合がありますがこれもアークの一種です。

　アークは非常に強い光を発して、内部の温度は1万℃を越えるので、どのような金属でも溶かすことができます。「アーク溶接」は、電力をアークに変えて、高いエネルギー（熱量）で溶接部を溶かして接合する方法です。接合部で溶着金属が必要な場合は母材と同種類の「溶加材（溶加棒）」を使います。

ポイント2 👉 溶接アークを大気から遮断する理由とアーク溶接の種類は？

　溶けた金属が固まるまでの時間は数秒程度ですが、温度が高いので大気中から酸素、窒素、水素などのガスを大量に吸収します。このガスは、凝固した溶接金属の中で穴状の欠陥（ブローホール）になり、接合部の強度を下げます。したがって、溶接時には溶接アーク（溶融部）を大気から遮断する必要があります。不活性ガスや炭酸ガスによって溶接アークを大気から保護する方法がよく用いられており、「消耗電極式」と「非消耗電極式」があります。

　消耗電極式では、溶加材の役割を兼ねる金属電極と母材の間にアークを発生させて溶接を行います。シールドガスとして不活性ガスであるアルゴンを用いる「MIG溶接（Metal Inert Gas）」と、不活性ガスと安価な炭酸ガスの混合ガスを用いる「MAG溶接（Metal Active Gas)」があります。MIG溶接はアルミニウム、銅、チタン、ステンレス鋼に、MAG溶接は鉄鋼の溶接に使われます。

　非消耗電極式では、融点が高くアークによる熱でも消耗しにくい電極と母材の間にアークを発生させて母材と溶加材を溶かして溶接を行います。タングステン電極を使って不活性ガスでアークを保護する「TIG溶接（Tungsten Inert Gas)」は、厚さが比較的薄い非鉄金属に適用されています。直流TIG溶接において電極を－にする「正極性」では、電子が電極から＋側の母材に移動して

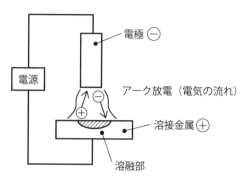

● **アーク放電** ●

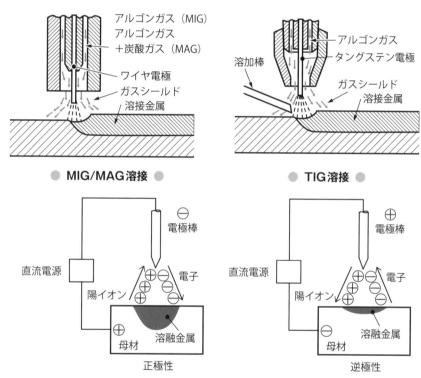

● **MIG/MAG溶接** ●　　　● **TIG溶接** ●

● **溶接アークの極性** ●

出典：「溶接・接合工学概論」佐藤邦彦、理工学社（2011）

母材の発熱量が大きくなり溶け込みが深くなります。電極を＋にする「逆極性」では、母材の発熱や溶け込みは小さいのですが、陽イオンが母材の表面に衝突して表面の酸化膜を除去する「クリーニング効果」が作用するので、アルミニウムやマグネシウムなど酸化しやすい金属の溶接に有利です。

溶接②
抵抗発熱を利用してつなげる
（抵抗溶接）

ポイント1 ☞ ジュール発熱とは？

　「抵抗溶接」は金属に電気を流したときの抵抗発熱を利用して、接合部を溶融させて接合する方法です。金属棒の両端に電圧Vを加えると流れる電流Iと金属の抵抗Rによって「オームの法則」が成り立ちます。

$$V = IR \cdots 式①$$

　抵抗Rの金属に電流Iが流れると金属内部で電力が消費されて発熱し、温度が上昇します。これを「ジュール発熱」と呼びます。時間t（sec）の間に発生する熱量Hは「ジュールの法則」によって下記の式で表されます。

$$H = IVt = I^2Rt \cdots 式②$$

　発熱量は流す電流の2乗、金属の抵抗値、通電時間に比例します。

ポイント2 ☞ スポット溶接において重要な溶接条件は？

　抵抗溶接の代表例は「スポット溶接」です。接合する板を重ねて、電極で押さえて加圧しながら電流を流すと。接触部の金属がジュール発熱によって溶融して接合されます。電極内部は空洞になっており、電極の発熱を防止するために冷却水が流れています。自動車の組立てでは1台につき3000〜5000点のスポット溶接が実施されています。接合強度は、電流値、加圧力、通電時間によって変わります。接合したい材料の材質や板厚によってこの3つの条件を変えてスポット溶接を行います。

　接合部の断面の中心には溶融部があり「ナゲット」と呼ばれます。接合強度はナゲットの大きさに比例します。溶接条件が悪いと溶融部の中に欠陥（ブローホール）ができて接合強度が低下します。ナゲット周辺には溶けてはいませんが、熱で組織や機械的性質が変化した「熱影響部（Heat Affected Zone、HAZ）」があります。高張力鋼板のスポット溶接ではHAZ部の軟化が問題になる場合があるので注意しなければなりません。

ポイント3 ☞ シーム溶接、プロジェクション溶接の原理と方法は？

　「シーム溶接」では、電極にローラを使用して電極の間に接合したい板を重ねて通し、連続的に加圧、通電して抵抗発熱によって線状に接合します。自動

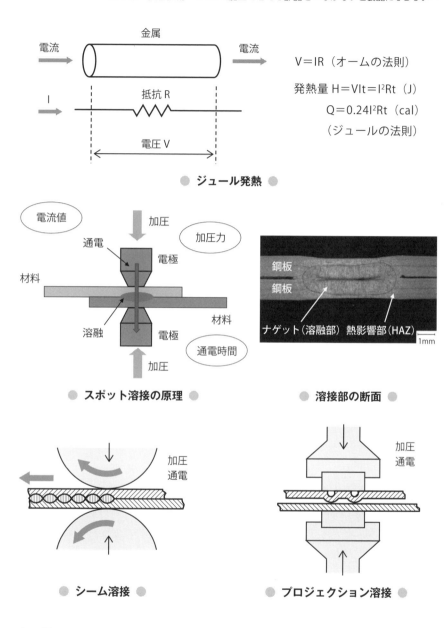

$$V=IR（オームの法則）$$

$$発熱量\ H=VIt=I^2Rt（J）$$

$$Q=0.24I^2Rt（cal）$$

（ジュールの法則）

● ジュール発熱 ●

● スポット溶接の原理 ●

ナゲット（溶融部）　熱影響部（HAZ）

● 溶接部の断面 ●

● シーム溶接 ●

● プロジェクション溶接 ●

車の燃料タンクや身近な例だと台所の流し台の製造で用いられています。「プロジェクション溶接」では、接合したい材料の片方に突起を作って平らな板と重ね合わせて、加圧、通電して突起をつぶしながら抵抗発熱によって接合します。突起と板の接触面積が小さいと電流密度が大きくなるため、接合強度が高くなります。

5-6

・・・・・・

溶接③

固体のままつなげる
（固相接合）

ポイント1 👉 **固相接合の原理は？**

　「固相接合」とは材料の接合面を溶融しないで固体のまま接合する方法です。接合の基本原理はどの方法でも変わらず、接合面の原子を原子間力が働く距離まで近づけることです。固相接合の場合は、接合面の表面状態が重要です。金属の表面を鏡面に研磨して平坦に加工しても、表面には微小な凹凸があり、原子同士が十分に近づいてはいません。接合面を加熱して軟化させて高い圧力を加えて、原子同士を近づける必要があります。また、大気中では金属の表面に酸化膜が存在します。非常に薄い層ですが、この酸化膜を破壊して除去しないと原子同士が結合することはできません。したがって、固相接合では加熱・圧力と酸化膜の破壊が必要になります。

ポイント2 👉 **摩擦圧接、超音波接合の原理と方法は？**

　「摩擦圧接」では、接合したい材料の接合面をつき合わせて、片側を回転させて、圧力を加えながら接触させます。接触面において摩擦による発熱が生じて材料が軟化すると同時に酸化膜が破壊されます。さらに、大きなアプセット圧力を加えて、固体のまま接合します。接合部の外側には破壊された酸化膜を含むバリが生じます。熱変形が少なく、寸法精度が高い接合法ですが、少なくとも片方の部品断面が円形という制約があります。

　「超音波接合」とは、超音波発振器で発生した振動による摩擦熱で接合面の酸化膜を破壊した後に加圧して固相で接合する方法です。人間の可聴周波数領域は20～2万Hzであり、超音波接合は出力1～5kW、周波数20～80kHzで行われます。振動を与える方向は、接合したい材料が金属の場合は接合面に対して平行、樹脂の場合は縦方向と使い分けられています。

ポイント3 👉 **摩擦攪拌接合（FSW）の原理と方法は？**

　「摩擦攪拌接合（Friction Stir Welding, FSW）」では、接合したい材料を突き合わせて、専用のツールを回転させながら接合面に挿入して、その際に発生する摩擦熱で2つの材料を軟化させて混ぜ合わせる（攪拌する）ことで接合します。接合条件は、ツール先端にあるピンの挿入深さと回転速度、そしてツー

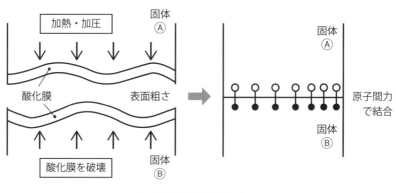

● 固相接合の原理 ●

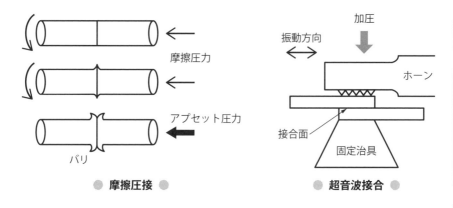

● 摩擦圧接 ●　　　　● 超音波接合 ●

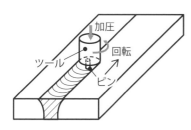

● 摩擦攪拌接合（FSW）●

● FSWの接合部断面（マグネシウム合金）●
（茨城県産業技術イノベーションセンター・行武氏より御提供）

ルの進行速度で決まります。最適な接合条件は材料によって変わります。接合部中心の攪拌部は等軸の再結晶組織、その周辺の熱加工影響部には材料の流動によって伸びた結晶組織になっています。熱変形が小さく異種材料も接合できますが、低融点金属にしか適用できないという制限があります。

1 機械材料を分類してみよう

2 機械材料のマクロ特性はミクロ構造で決まる！

3 材料の加工方法はたったの3種類だ！

4 鉄鋼の熱処理と表面処理

5 接合技術

溶接④
ろうとはんだでつなげる
（ろう付、はんだ付）

ポイント1 ☞ ろう付とはんだ付の違いは？

「ろう付」は、接合したい材料よりも融点の低い金属（ろう材）を溶融して、接合部に流し込んで固めて接合する方法です。融点が450℃以上のろう材を「硬ろう」450℃以下のろう材を「軟ろう（はんだ）」と呼びます。軟ろう（はんだ）を使用する場合のろう付を「はんだ付」と呼びます。

ポイント2 ☞ ろう付の原理と方法は？

ろう付けの過程は下記の通りです。まず、接合部表面に「フラックス」を塗布します。フラックスは接合面の酸化膜と反応して、それを除去して清浄な表面を作ります。きれいになった接合部表面を、適度に加熱したろう材でぬらすと両者の間に界面が形成されます。界面においてろう材と母材の原子同士が近づき原子間力によって結合します。このとき、母材が溶融することはなく、接合部表面の形状や材質の変化がほとんどありません。ろう材の組成は母材と一致する必要がないので、異種金属や金属と非金属（例えばセラミックスなど）を接合することができます。アーク溶接における接合材の間隔は2mm程度ですが、ろう付では0.02～0.2mmと非常に狭くなります。薄いものや細い線も接合することができるので、非常に小さな電子部品の製造には、はんだ付が活用されています。ろう付ではろう材の選定が重要で、ろう材の融点が母材よりも低いことと、溶けたろう材が母材にぬれて接合面を満たすことが必要です。

ポイント3 ☞ ろう材の選定は？

はんだ付におけるろう材（軟ろう）で、最もよく使われているものがすずSnと鉛Pbの合金です。SnとPbの比率によって合金の融点は変わり、Sn量が63％の場合が最も低い183℃です。Sn-Pb合金は電子部品や配線のはんだ付で古くから用いられてきましたが、2006年に欧州連合（EU）のRoHS（Restriction on Hazardous Substances）指令によって有害物質である鉛の電子機器への使用が禁止されました。そのため、現在ではSn-Pb合金のはんだに替わって鉛を含まない「鉛フリーはんだ」が使用されるようになりました。

硬ろうの種類は多く、接合材の材質に適したものを選択します。例えば、銅

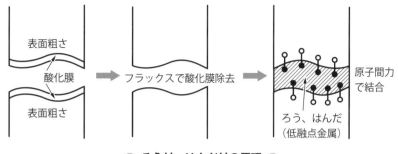

● **ろう付、はんだ付の原理** ●

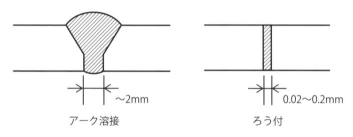

● **アーク溶接とろう付の接合部** ●

ろうの種類	主要元素	融点（℃）	適用材料
銅および銅合金ろう	Cu、Zn	820〜1085	鉄鋼、ステンレス鋼、ニッケル、銅およびその合金
銀ろう	Ag、Cu、Zn	620〜800	Al、Mg以外の金属、セラミックスなどの非金属
リン銅ろう	Cu、P	720〜925	純銅、銅合金
ニッケルろう	Ni、Cr、Si、B	875〜1135	鉄鋼、ステンレス鋼、ニッケル合金、耐熱合金
金ろう	Au、Cu	890〜1165	宝飾品、ステンレス鋼、ニッケル合金、耐熱合金
パラジウムろう	Pd、Ag、Cu	810〜1235	宝飾品、耐熱合金、Mo、W
アルミニウムろう	Al、Si	580〜615	アルミニウム、アルミニウム合金

● **ろう材の種類と用途** ●

および銅合金ろうは主成分が銅Cuと亜鉛Znであり、組成の組み合わせによって使用温度範囲を820℃から1085℃まで変えることができます。鉄鋼、ステンレス鋼、ニッケル、銅およびその合金の接合に適用することができます。

5-8 接合において注意しなければ ならないこと

ポイント1 ☞ 接合形式の分類は？

　工業製品の接合方式において2つの部材を突き合わせて接合する場合を「突合せ継手」、重ねて接合する場合を「重ね継手」と呼びます。板材をつき合わせて溶接する場合は、接合部に溶接金属が充填する「開先」を加工する必要があります。開先の角度とルート部の間隔は健全な溶接部を得るために重要な条件になります。

ポイント2 ☞ 接合部の組織変化は？　炭素当量とは？

　熱や圧力によって材料が変質する接合部では、欠陥発生や組織変化が問題となります。溶接では、溶接金属の中のブローホールやき裂などの欠陥や、熱影響部（HAZ）の軟化や脆化に注意しなければなりません。例えばステンレス鋼の溶接では、冷却速度が遅い熱影響部において「鋭敏化」という現象が起こることがあります。耐食性を担っている元素であるクロムCrが、炭素と結合して結晶粒界に析出します。その結果、クロム濃度が低下して熱影響部で腐食が進行します。鉄鋼の接合では、添加元素の量が溶接性と関係しています。熱処理において焼きが入るためには炭素量が0.3％以上必要ですが、溶接の場合は炭素量が多いと溶接性が悪くなり割れてしまいます。他の添加元素も溶接性に関連しており、下記の式で表される「炭素当量」で溶接性を判断します。

$$炭素当量(\%) C_{eq} = C + (Si/24) + (Mn/6) + (Ni/40) + (Cr/5) + (Mo/4) + (V/14)$$

ポイント3 ☞ 最適な溶接条件の考え方とは？

　接合部材の設計において最も重要なことは接合部の強度が確保されていることです。接合部材の強度を母材の強度で割った値を「継手効率」と呼びます。継手効率が1の場合は、接合部が母材と同様の強度を持っていることを示しています。一般に、溶加材は母材の強度より高いものを使いますので、引張試験を行うと接合部ではなく母材で破断します。その場合は、継手効率を1として設計することができます。溶接の際には、接合部の組織や欠陥と接合部の変形に注意しながら十分な接合強度（継手効率）を得るように施工条件を決めなければなりません。溶接条件は接合する材料や接合形式によって変わりますが、

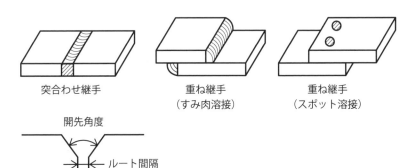

突合わせ継手　　重ね継手（すみ肉溶接）　　重ね継手（スポット溶接）

開先角度　　ルート間隔　　開先

● **溶接継手の形式** ●

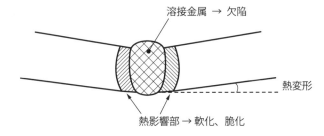

溶接金属 → 欠陥

熱変形

熱影響部 → 軟化、脆化

● **接合部の組織と問題点** ●

①接合部の強度（継手効率）
②接合部の組織や欠陥
③接合部の変形

⇕

最適溶接条件

（電源方式、電流値、加圧力、溶接速度など）

● **最適な溶接条件の考え方** ●

1 機械材料を分類してみよう

2 機械材料のマクロ特性はミクロ構造で決まる！

3 材料の加工方法はたったの3種類だ！

4 鉄鋼の熱処理と表面処理

5 接合技術

電源方式や電流値、加圧力、溶接速度など様々なパラメータがあります。新しい材料を溶接するときは、十分な予備実験を行って最適な接合条件を決めるようにしてください。

第5章のまとめ

●接合方法の分類

・機械的接合

・接着

・溶接（液相、固相、液相－固相）

●2つの材料の原子同士を近づけて原子間力によって接合

●機械的接合

・ボルト／ナット、ねじ

・圧入

・焼きばめ

●接着

・ぬれ性が重要

・ぬれ性や接着力は表面エネルギー（表面張力）と関連

●液相接合① アーク溶接

・超高温のアークを利用、不活性ガスによって溶接部を大気から遮断

・消耗電極式 ⇒ MIG溶接、MAG溶接

・非消耗電極式 ⇒ TIG溶接

●液相接合② 抵抗溶接

・接合材に電流を流してジュール発熱を利用

・スポット溶接、シーム溶接、プロジェクション溶接

●固相接合

・熱と圧力で接合部表面の酸化膜を除去、表面を平坦に変形させる

・摩擦圧接、超音波接合、摩擦攪拌接合（FSW）

●液相－固相接合

・フラックスで酸化膜を除去した後にろう材で接合

・融点450℃以上：硬ろう、450℃以下：軟ろう（はんだ）

・RoHS指令によって鉛フリーはんだが使用されるようになった

●接合において注意すること

・十分な接合強度（継手効率）

・接合部の欠陥や組織変化（指標：炭素当量）

・最適な接合条件を決める

引用・参考文献

「トコトンやさしいセラミックスの本」
(社) 日本セラミックス協会　編、日刊工業新聞社 (2009)

「材料工学入門　正しい材料選定のために」
堀内良、金子純一、大塚正久　共訳、内田老鶴圃 (1985)

「材料工学　材料の理解と活用のために」
堀内良、金子純一、大塚正久　共訳、内田老鶴圃 (1989)

「学生のための機械工学シリーズ3　基礎生産加工学」
小坂田宏造　編著、朝倉書店 (2001)

「トコトンやさしいプラスチック材料の本」
高野菊雄著、日刊工業新聞社 (2015)

「トコトンやさしいプラスチック成形の本」
横田明著、日刊工業新聞社 (2014)

「トコトンやさしい熱処理の本」
坂本卓著、日刊工業新聞社 (2005)

「溶接・接合工学概論」
佐藤邦彦著、理工学社 (1990)

索　引

さ

著者紹介

西野創一郎〔にしの　そういちろう〕

兵庫県生まれの愛媛県育ち。工学博士。慶應義塾大学大学院博士課程終了後、茨城大学へ。現在、同大学院理工学研究科量子線科学専攻、准教授。専門は材料力学、材料強度学（金属疲労）、塑性加工、溶接工学、X線・中性子線を利用した材料や構造物の解析など。100件以上の企業との共同研究を通じて、ものづくりと基礎工学をつなぐ仕事に奮闘中。著書：「図解 道具としての流体力学入門」、「図解 道具としての材料力学入門」（いずれも日刊工業新聞社）

設計者のための実践的「材料加工学」
材料と加工を知らなきゃ設計はできない　　　　　　　　　NDC501.4

2020年1月29日　初版1刷発行　　　　　　定価はカバーに表示されております。

　　　　　　　　　　　Ⓒ著　　者　　西　野　創一郎
　　　　　　　　　　　　発行者　　井　水　治　博
　　　　　　　　　　　　発行所　　日刊工業新聞社
　　　　　　　〒103-8548　東京都中央区日本橋小網町14-1
　　　　　　　電話　書籍編集部　　　03-5644-7490
　　　　　　　　　　販売・管理部　03-5644-7410
　　　　　　　　　　FAX　　　　　　03-5644-7400
　　　　　　　振替口座　00190-2-186076
　　　　　　　URL　http://pub.nikkan.co.jp/
　　　　　　　email　info@media.nikkan.co.jp
　　　　　　　印刷・製本　新日本印刷

落丁・乱丁本はお取り替えいたします。　　　2020　Printed in Japan
　　　　　　ISBN 978-4-526-08030-2